印刷设备
隐患智能辨识与评估技术

张 媛◎著

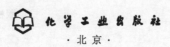

化学工业出版社
·北京·

内 容 简 介

为更好地实现印刷机械行业数字化、智能化和绿色化的转型升级，加强印后设备的在线状态监测和评估、寿命预测以及运行维护的效率和水平，本书在介绍印后设备及隐患智能辨识的相关知识和研究现状基础上，以印后设备滚动轴承为例，介绍并探讨基于区域估计的隐患辨识和评估方法体系、基于多值分类和单值分类的区域估计状态辨识方法，并进一步介绍了基于状态监测的剩余寿命预测方法，研究了印后设备寿命预测与运维决策一体化方法等。

本书内容技术新颖，可供机械工程、安全工程等相关专业的科研人员、高校师生阅读，亦可作为印刷机械设备诊断和维护领域的工程师进行应用实践的参考用书。

图书在版编目（CIP）数据

印刷设备隐患智能辨识与评估技术 / 张媛著. —— 北京：化学工业出版社，2024.1
ISBN 978-7-122-44396-0

Ⅰ. ①印… Ⅱ. ①张… Ⅲ. ①印刷－设备－研究
Ⅳ. ①TS803.6

中国国家版本馆 CIP 数据核字（2023）第 203989 号

责任编辑：曾　越　　　　　　　装帧设计：王晓宇
责任校对：宋　夏

出版发行：化学工业出版社（北京市东城区青年湖南街 13 号　邮政编码 100011）
印　　装：涿州市殷润文化传播有限公司
880mm×1230mm　1/32　印张 5¾　字数 133 千字　2024 年 1 月北京第 1 版第 1 次印刷

购书咨询：010-64518888　　　　售后服务：010-64518899
网　　址：http://www.cip.com.cn
凡购买本书，如有缺损质量问题，本社销售中心负责调换。

定　价：89.00元　　　　　　　　　　版权所有　违者必究

前言
PREFACE

近年来，随着印刷行业的转型升级和包装行业的持续发展，全自动模切机、高速覆膜机等印后设备的复杂程度和自动化程度也在不断提升。在印后设备中，滚动轴承、传动齿轮等关键旋转部件的运行状态直接影响整个设备的工作状态和产品质量。目前，现有的传统的印后设备关键部件工作状态的监测、诊断、评估相关技术和手段无法实现在线、实时、定量的运行状态监测和评估，也无法跟上设备功能和结构的升级速度。因此，建立一套相对普适的印后设备旋转部件隐患监测理论和方法是保障印后生产安全高效和最大化发挥装备效能的必要工作。

鉴于此，笔者对印后设备的智能诊断辨识、安全评估、寿命预测等方面进行了系统研究。本书内容正是基于研究成果进行梳理和总结而形成的，具体内容如下：

1. 提出了基于区域估计的隐患辨识和评估方法体系。给出了正常域和异常域的概念和公式表达，分析了区域和状态的对应关系，并在此基础上搭建了基于区域估计的隐患辨识和评估方法体系框架；针对在区域边界估计这一关键技术问题，考虑研究对象模型可否获取的两种情况，分别提出了基于模型的和数据驱动的区域估计方法，并给出了两种方法的基本思想、实现步骤和关键技术流程；针对基于区域估计的状态评估问题，提出采用安全裕度作为定量化评价指标，给出了基于广义距离的安全裕度计算方法，为定量化隐患评估提供基础技术支撑。

2. 在可获取较完备故障/异常状态数据集的情况下，以印后设备滚动轴承为实例，探讨了基于多值分类区域估计的状态辨识方法。介绍了基于滚动轴承振动信号进行时域、能量、熵的状态特征提取算法，梳理了状态特征提取步骤；探讨了基于有监督机器学习算法——支持向量机的多值分类区域估计方法，构造了基于有向无环图的多分类支持向量机模型；探讨了基于无监督机器学习算法——区间二型模糊聚类的多值分类区域估计方法，构造了区间二型模糊 C 均值聚类模型；采用实际滚动轴承的振动数据对有监督和无监督的两种区域估计方法进行试验验证，试验结果表明此两种方法的辨识正确率均在 0.85 以上。

3. 在无法获取故障/异常状态数据集的情况下，仍以印后设备滚动轴承为实例，探讨了基于单值分类区域估计的状态辨识方法。介绍了正常域单值边界的基本概念和内涵；考虑计算量、边界保守程度等因素，分别提出了基于快速凸包生成和基于支持向量数据描述的两种正常域单值边界估计方法；仍采用滚动轴承振动数据对两种单值分类方法进行试验验证，结果表明两种方法均能完成正常域边界的估计，且前者计算量小但边界偏保守，后者计算复杂但边界弹性范围较大。

4. 综合叙述了两类基于状态监测的寿命预测方法，并着重介绍了基于经验的方法。详细介绍了比例风险模型的基本形式、样本数据、参数估计、寿命预测等部分，给出了详细的剩余寿命预测计算方法，并测试了基于比例风险模型的剩余寿命预测性能，测试结果显示基于比例风险模型的预测精度较高，可较好地预测剩余寿命变化趋势。

5. 提出了状态检测、寿命预测和运维决策一体化的方法框架，对状态检测的应用和对剩余寿命预测方法的升级优化给出了具体方案，对状态检测和寿命预测的结果如何支撑运维决策提出了具体技术路线，以期能够为已有研究成果的应用落地奠定前期基础，更是为相关领域研究人员进行研究提供参考和借鉴。

印后设备的隐患辨识、安全评估、寿命预测和智能运维是典型的复杂动态大系统分析和控制问题，本书试图用基于区域估计的相关理论和方法来解决这一问题，但基于区域估计的理论和方法尚属初步研究阶段，有很多技术和应用方面的问题有待进一步解决，且笔者的研究工作也存在一些考虑不全面、分析不透彻之处。由于笔者水平、实践经验和研究时间的限制，有些观点还需进一步发展和完善。不妥之处，欢迎读者提出宝贵意见。

在本书完稿之际，回看近年来的学术之路和科研经历，感激盈怀。感激我的博士后导师清华大学褚福磊教授，以及博士导师秦勇教授、贾利民教授对我高屋建瓴的专业指导；感谢北京印刷学院杜艳平教授团队中各位同仁的关心和资助，以及李宏峰、窦水海、马添翼、郭庆云等老师对本书内容的拨冗斧正；感谢南京理工大学邢宗义老师给予的实践意见和现场支持；感谢北京交通大学轨道交通控制与安全国家重点实验室交通安全保障技术与智能系统团队的程晓卿老师以及于珊、陈波、王丹丹等同学们对我多年以来的热心帮助和对本书成果整理做出的共享，虽然各位同门均已走向工作岗位，但友谊长存；感谢自始至终都给予了我无限关怀和支持的家人。最后，谨对为本书出版做出贡献的人们致以诚挚的敬意。

张媛

目录
CONTENTS

第5章 基于状态监测的剩余寿命预测方法   127

第 **1** 章

绪论

1.1　印后设备及其状态检测的基本情况

随着数字出版和新媒体技术的飞跃发展，印刷出版产业正在快速转型升级，在印刷机械行业中表现最为明显的是印刷（印中）设备销量和使用量的锐减，而多功能、自动化的大型印后设备越来越受到各企业的青睐。据统计，近两年举行的中国国际全印展中，印后包装类装备的展位数约为总展位数的 50%，而包括数码印刷等在内的各类大型印刷机械所占展位数仅为总展位数的 20% 左右。在这样的行业背景以及生产效率和节能环保的双重要求下，如何进行大型印后设备的实时化、定量化状态监测和隐患识别是保障此类设备安全、稳定、高效运行所亟待解决的关键问题。

经过近十年的发展，印后设备已经发展为集机、光、电、液于一体的大型化、多功能集成联动、自动化乃至智能化的复杂装备。除装备本身的复杂性之外，随着运行速度的提高和加工材料的多样，设备使用频率和强度越来越高，运行工况也越来越复杂。同时，装备中各零部件间的耦合关系越来越强，一旦某些关键零部件出现故障，将导致其他设备或部件的工况恶化、功能失效。

若存在隐患又未及时处理，将会影响产品质量，产生大量废品废料，并可能进一步导致严重故障的发生，甚至造成机毁人亡的恶性事故，从而带来巨大的经济损失和恶劣的社会影响。2007年8月，广东省某印刷厂一设备操作工由于模切机故障导致其被模板夹压致死。2012年2月，上海市某公司印刷部一员工由于自动开槽模切机故障被卷入辊轴致死亡，直接经济损失78万元。2012年12月，深圳市某印刷厂由于设备故障导致1人死亡，直接经济损失数十万元。2016年4月，昆山市某包装公司因未能及时消除模切机使用过程中存在的事故隐患，致使1人死亡。

目前，多数的大型印后设备尚未应用在线状态识别和监控技术，仍是采用基于人工的离线和定期检查手段，仅仅能够做到事故后处理和定性分析，无法对装备和其中关键零部件进行实时、动态、定量的运行状态识别，至于隐患的监测更是无从谈起。此外，由于印后设备具有多样化和更新快的特点，传统的检查手段无法跟上装备功能和结构的升级速度。因此，建立一套相对普适的大型印后设备隐患监测理论和方法是保障印后生产安全高效和最大化发挥装备效能的必要工作。

要保障大型印后设备整体系统的安全运行，必须首先保证其中关键和核心零部件处于正常运行状态。据统计，滚动轴承、齿轮箱等旋转部件是包括大型印后设备在内的复杂机械装备中使用最频繁且故障率最高的零部件。因此，从旋转部件的隐患监测和状态辨识入手，首先完成运行安全关键零部件的隐患监测，在此之后，可由零部件逐级自底向上融合得到子系统和系统的运行状态，探究获得整体系统的隐患监测方法和结果。

综上，本书旨在基于区域估计的理论和方法，提出一套相对普适的复杂机电装备隐患辨识和评估的方法体系框架，梳理技术路线，并从旋转部件入手，通过对其运行状态数据的分析和挖掘，研究针对具体对象及其实际运行情况的隐患辨识和评估技术。

　　此外，随着印刷企业对生产安全要求的提高，先进的大型印后设备发生严重故障的概率较低，往往无法从现场采集到足够的故障数据。这类装备往往具有占地面积大、功能复杂、成本昂贵、维修困难的特点，对其进行破坏性实验以获取故障数据在利润薄弱的印刷企业中是不现实的。因此，无故障数据环境下的监测和识别也是进行大型印后设备状态监测和辨识中所需要解决的关键问题。故而本书全面考虑了具体旋转部件实际运行情况，分别针对故障数据充足的完备数据集、无故障数据的不完备数据集提出了不同的区域估计算法和处理技术。

　　本书将提供一套解决大型印后设备隐患辨识和评估的相对普适的体系化理论和方法，为隐患的发现和控制提供支撑和方法论依据，大大降低印后设备发生隐患和故障所带来的风险和损失，减少资源浪费，促进绿色印刷包装产业的持续发展。在现有状态辨识和诊断方法大多对故障数据有依赖的情况下，本书将对无故障数据环境下监测和辨识技术的研究提供新的思路和解决途径。

1.2　印后设备隐患辨识的研究现状

　　本节对本书涉及的印后设备及状态辨识和故障诊断、复杂系统的隐患辨识和评估、区域估计理论和方法三个方面的国内外现状进行详细阐述，并分析总结现有研究中的局限和所存在的问题。

1.2.1　印后设备及其状态辨识

　　印后设备就是指对印刷半成品进行进一步加工处理，使之在装订、外观、平整度、防伪、包装等方面得到加强或美化的一大类设备。因为印刷业的不断发展，对印刷品进行各种不同处理，使得最终成品呈现不同特点的需求不断增多，因此印后设备的种类不断涌现。一般一种设备有一种或几种功用，如修边切纸类设备、折页配页类设备、上光压光类设备、覆膜上胶类设备、烫金打码类设备、打孔装订类等。常见的印后设备有折页机、切纸机、UV上光机、覆膜机、打孔机、模切机、胶装联动线、骑马钉联动线、打捆机、滚切机、压痕机、纸盒成型机、制袋机等。目前机械机构和控制系统较复杂、自动化程度较高的大型印后设备主要包括全自动模切机、高速覆膜机等。在上述印后设备中，滚动轴承、齿轮等旋转部件多出现在印刷模切滚筒、间歇机构、印刷传动机构等关键组成部分中，起重要的支承和传动作用，是必不可少的关键零部件。

目前，国内外针对印后设备的隐患或早期故障的监测和识别研究较少，相关研究工作更多地集中在故障处理和信息采集等方面。文献[5]设计了模切机监测系统的软硬件，并用LabVIEW进行了系统开发，以实现位移、振动、温度、转速等状态信号的采集、显示、简单分析、存储。文献[6]研究了高速多轴模切机的伺服控制系统，基于某些基本的状态参数进行了控制方案仿真。文献[7]采集了覆膜机关键部位的振动信号，进行了振动数据的分析处理，并提出了覆膜机结构改进方案。文献[8]对紫光胶订联动线的"失步报警"故障进行了分析，并探讨了故障处理方法。文献[9]发明了一种覆膜机的厚度测量装置，并开发了相应的控制单元，以确保覆膜机发现厚度检测异常时及时停止工作。文献[10]提出采用数据驱动的方法，基于神经网络建立包装生产线的质量诊断模型，并以食品用包装纸盒为例进行了仿真验证。

除此之外，印后设备的旋转部件与印刷机中的旋转部件在使用性能、所起作用和工作环境方面有诸多相似之处，因此，印刷机上滚动轴承和齿轮传动系统的监测和诊断方法具有一定的借鉴和参考意义。目前，在实际的生产现场，工程师们主要根据印刷品质量问题（如墨杠、磨毛等）通过专家经验对旋转部件的工作状态进行粗判；在理论研究方面，主要从印品质量的角度关注旋转部件对印刷压力和纸张张力等的影响，现有成果基本集中在基于动力学分析和基于振动测试的直接方法，以及基于图像识别的间接方法。

文献[11]针对印刷机印刷滚筒运转过程中因挠曲变形过大而导致接触区域局部印刷压力不足的问题，研究了预负荷弹性轴承过盈量对印刷滚筒挠曲变形的影响，并对预负荷弹性轴承进行了失效分析。文献[12]研究了印刷机齿轮振动对印刷品质量的影响，模拟出印刷机齿轮在不同工况下的波形图，分析了不同年限的印刷机振动时域波谱图和印刷品网点再现质量。文献[13]研究了印刷机齿轮在高速印刷时的振动状况，并借助 LabVIEW 平台开发印刷机齿轮振动在线检测仿真系统。文献[14]基于峭度和连续小波变换分析印刷机的齿轮振动信号，用于分析齿轮同步情况，并进一步提出了基于齿轮系统健康状态监测的印品质量控制方法。文献[15]针对受滚动轴承影响的印刷机辊子间隙问题，分析了印刷过程中滚筒间隙的补偿方法，并与实际情况进行了对比。文献[16]针对印刷滚筒间压力的监测问题，提出了一个基于滚动轴承振动情况的测试方法，并给出了合理压力范围。文献[17]针对旋转部件对印刷质量的影响问题，提出利用统计过程控制的印刷机故障预测方法，并利用图像处理的方法检测套准精度。文献[18]针对胶印机滚筒辊痕进行识别和故障诊断，提出了利用高速 CCD 采集印刷图像，再与标准图像进行对比后进行纹理分析的方法。文献[19]从工业控制系统设计的角度对大型自动化印刷机关键旋转部件的状态监测及其对印品质量的影响进行了分析，并进行了机械结构设计和逻辑设计。

1.2.2　隐患辨识和评估方法

近年来,"隐患"的概念受到越来越多现场工程师和科研工作者的重视,对其展开的研究也日益丰富,针对"隐患"的研究成果主要集中两个方面:一是在矿业和电气等领域的事故隐患分级、风险评估体系、企业安全管理策略研究等宏观方面;二是在本书所涉及的某类设备运行状态的早期故障辨识和隐患监测等微观问题。目前,在后者已有成果中所提出的研究手段主要有三大类。

一是基于全寿命状态数据和剩余寿命分析的早期故障检测。美国宾夕法尼亚州立大学"空中飞行器小组"考虑突发和渐变故障,研究了增强 FMECA 技术,利用预测参数值估计系统状态,进而估计系统残余寿命。荷兰的 PRoMIs 系统,用连续测量的系统健康状态参数表征系统的物理状态,并通过寿命模型和期望的系统载荷计算元件的残余寿命。文献[22]针对齿轮箱的早期故障诊断问题,利用连续时间马尔科夫模型进行各种工况状态的模拟,并基于振动信号的向量回归建模和贝叶斯方法计算早期故障发生概率。文献[23]描述了经历早期故障的数控机床故障过程,提出了4 参数非齐次泊松过程模型用于数控机床可靠性分析和早期故障预测。

二是利用基于状态转移或过程模型的概率分析结果进行早期故障识别。文献[24]提出了一种普适的基于多参数和多状态数据的组合交互式测试方法,可识别多种可能发生的早期故障,并将这些故障按发生概率进行排序。文献[25]提出了线性辨别分析与马尔科夫链以及贝叶斯网络相结合的方法,把微弱变化的电子系统早期故障过程转化为明显变化的 KL 距离。文献[26]通过局部保持投影算法和混合隐马尔夫模型相结合的方法,较好地识别出仿真信号中的早期故障特征。文献[27]提出了动态隐患识别方法及其系统,估计出正常工作个体质量特性的纵向模式,并标准化其所收集到的观测值，进而应用控制图到标准化数据，以达到监控目的。

三是基于实际或仿真的早期故障数据，利用信号处理和模式识别的方法进行隐患辨识和故障预测，这类方法的研究成果最为丰富。文献[28]利用希尔伯特变换中每一个滑窗的符号树信息熵作为故障指标，识别不同电压下三相感应电机转子断条的早期故障。文献[29]提出了基于小波包和经验模式分解的早期故障特征提取方法，并提出了基于神经网络的早期故障识别和诊断手段。文献[30]针对实时性要求较高的工程环境，提出了基于排列熵的早期故障特征提取和识别方法。文献[31]针对飞机控制面伺服环路的早期故障，提出了基于模型的线性变参数的检测方法。文献[32]提出了概率分布函数的相对熵的分析方法进行早期故障检测，并建立故障检测性能分析模型以增强对噪声环境的适应性。文献[33]针对非故障工况下的早期异常识别和隔离问题，提出了一种基于噪声能量分析的模型，用于非故障频率响应分析和故障状态描述。文献[34]针对滚动轴承早期故障特征极易被背景噪声淹没的情况，提出了利用基于最大相关峭度解卷积的频谱峭度计算方法以提取微弱故障特征。

1.2.3 基于区域估计的理论和方法

基于区域估计的理论和方法目前在学术界并没有统一的概念和定论，所谓"区域"的概念也随研究领域和研究对象的不同而有多种不同的定义和讨论范畴。目前，在电力系统、汽车车辆、航空航天、机械电子、计算机等领域中，国内外已有学者对基于区域划分的状态辨识、故障诊断和模式识别等相关方面进行了研究。

文献[35]根据分布式发电系统结构和特点，提出一种基于分布决策的故障定位新算法，进行网络划分形成智能电子装置的关联区域，利用关联区域边界节点信息完成故障定位。文献[36]对汽车运行状态特征参数之间的边界搜索进行了研究，提出了一种将自适应遗传算法和浮动搜索算法相结合的混合搜索算法，选择出汽车运行状态特征参数最优子集。文献[37]研究了基于发动机滑油滤磨屑图像的磨损状态自动识别技术，得到了滑油滤磨屑图像的正常域，并以此来识别航空发动机磨损状态的严重程度。文献[38]针对滚动轴承的状态检测问题，分别从振动加速度信号和负载信号中提取状态特征，并将二维状态特征点进行聚类，获得不同状态点的分布区域。文献[39]研究了在划分数据空间的视角下基于决策边界的分类器，以决策边界为工具对分类器进行研究，构建了在划分数据空间视角下以决策边界研究分类器的理论框架。

网络安全、电力系统、轨道交通等领域基于区域划分理论和方法，已经有相应的安全域的概念，并有学者展开了针对性的研究。

在网络安全中，安全域是指同一系统内根据信息的性质、使用主体、安全目标和策略等元素的不同来划分的不同逻辑子网或网络，每一个逻辑区域有相同的安全保护需求，具有相同的安全访问控制和边界控制策略，区域间具有相互信任关系，而且相同的网络安全域共享同样的安全策略。直观的解释为，安全域是为保护不同安全需求的信息与信息载体，将系统中具有相同安全需求的可信或不可信部分划分成不同的安全区域，各安全区域之间通过可信方式建立安全连接。基于此概念的安全域相关的研究及应用已扩展到网络控制、公路交通、电子政务等方面。

在电力系统安全相关领域中，早在20世纪80年代，美国有学者就电力系统的稳定性和安全性等问题提出安全域方法，我国在20世纪90年代初也有学者对基于动态安全域的电力系统安全性进行了研究。近年来，国内外很多学者对复杂电力大系统的实用安全域问题展开了广泛且深入的研究，其中以天津大学余贻鑫院士的研究最为深入。文献[42]对电力系统的广域安全域进行了方法研究并开发了实际应用程序，其中考虑了散热、电压、电压稳定性、瞬态和潜在振荡稳定极限等各种约束，安全域采用超平面的形式进行描述。文献[43-44]给出了一个电力系统运行安全域的辨识方法的框架以及用欧氏距离定量化表示安全水平的方法，并基于此进行不同运行状态下的安全水平评估。文献[45-46]中提出在一些重要的预想事故下保证暂态功角稳定性的实用动态安全域边界，并研究了实用动态安全域降维可视化方法。文献[47]基于动力系统理论确定电力系统暂态稳定主导不稳定平衡点附近的动态安全域线性边界，构建电力系统暂态稳定概率模型。

在轨道交通领域，2010 年之后陆续有学者从不同的角度和范畴针对轨道交通车辆的安全性分析进行了安全域相关研究。文献[48]通过建立基于车辆-轨道耦合动力学的复杂环境下列车脱轨模型，利用不同的脱轨评判准则和动力学仿真计算结果，得到复杂环境下高速列车的安全运行界限，并将其定义为运行安全域。文献[49]将气动载荷作为外加载荷作用于高速列车动力学模型上，分析了桥梁上高速列车的运行安全性，给出高速列车在桥梁上的运行安全域。文献[50, 51]已提出了轨道交通系统运行安全的安全域估计方法，首次给出了面向轨道交通系统安全域的完整定义和形式化描述，并将其应用到分析轨道不平顺对列车运行安全的影响中。

1.2.4　存在的主要问题

综上，不论是在专门的印后设备相关研究中，还是在相关的印刷设备研究中，现有研究大多关注机械结构的设计改进和产品质量控制。在大型印后设备的状态监测方面鲜有能够系统化提出具体方法的发表物，在隐患监测方面的相关成果更是少见。

在旋转部件的状态监测和诊断方面，印刷机械行业相对于航天、电力等其他行业略显落后。目前，在印刷设备的状态检测方面尚未提及"隐患"的概念，而针对印后设备的滚动轴承和传动齿轮等旋转部件的研究中，无论是直接从物理角度进行动力学分析，还是间接地利用产品质量检测方法，往往仅适用于旋转部件发生损坏并已影响产品质量的中后期故障阶段。此外，虽然部分学者提出了基于振动测试的监测方法，但已有成果存在两方面问题：第一，有针对性的"隐患"或"早期故障"相关研究较少，在振动信号分析理论方面有待深入研究，尤其是在旋转部件早期故障阶段的微弱信号特征提取方面缺乏十分有效的方法；第二，在旋转部件的状态识别和故障诊断方面，现有发表物中有效的模式识别和定量化评价方法较少，其所提供的振动测试结果无法很好地支撑及时准确的预报预警。

纵观其他工业领域中对隐患或早期故障的监测及辨识研究，主要问题也集中体现在各种完备程度数据集的处理方法上。现有研究多是依托正常和故障等多状态完备数据集进行，在仅有正常状态的不完备数据集时，能够适用于无故障数据环境的隐患监测和辨识手段较少，但实际现场所面临的往往正是这种情况（尤其是设备使用初期，故障数据的积累无法满足分析需要）。

1.3 本书提出的解决途径

本书针对大型印后设备旋转部件的隐患监测和评估问题，在笔者博士研究工作的基础上做了进一步总结和提升，提出了一套体系化的基于区域估计的印后设备旋转部件隐患监测和评估的理论和方法。考虑到数据完备情况的不同，针对有故障数据积累的完备数据集和无故障数据积累的不完备数据集分别提出了基于多值分类和基于单值分类的区域估计方法，在每种方法的具体实现中又提出了各具特色的两种算法，并采用实际的滚动轴承数据进行了仿真试验，验证了所提出的方法的有效性和可行性。本书首次在印刷装备领域系统地提出了区域估计理论和方法，并将其应用于旋转部件的状态监测和评估中，能够为大型复杂印后设备操作、使用和管理提供具有指导作用和实际意义的运行状态信息，为关键设备和零部件的科学使用、维护和更换提供科学依据。

图 1-1 为本书主要内容的逻辑结构图，结合该图，对本书内容进行简要梳理。

第 2 章对基于区域估计的隐患辨识和评估方法体系进行了系统阐述。在提出正常域、异常域、正常域边界等相关概念的基础上，讨论了基于区域估计的隐患辨识和评估方法的学术思想和实施步骤。然后，对区域的边界估计这一核心问题进行了探讨，给出了基于模型的和数据驱动的边界估计方法。最后，为解决定量化评价的问题，提出采用安全裕度这一量化指标，并给出了基于区域边界计算安全裕度的计算方法。

第 3 章对基于多值分类区域估计的状态辨识方法进行了详细阐述。在区域估计理论和技术的基础上，针对印后设备中普遍使用且极具典型性的关键部件滚动轴承展开深入的方法研究和实验验证，重点关注有监督和无监督的两类方法在解决状态辨识问题中的能力和适应性，对有监督的支持向量机和无监督的二型模糊 C 均值聚类两种方法分别进行了研究，并采用实际的滚动轴承振动加速度数据经特征提取后，分别对有监督和无监督的两种方法进行了试验验证。

第 4 章讨论了基于单值分类区域估计的状态辨识方法。考虑在无法获取异常和故障状态数据时多值分类无法完成的情况，提出了基于单值分类进行正常域估计的思路，针对不同工况对实时性和精确性要求的不同，分别提出凸包生成和支持向量数据描述两种单值分类算法，并采用与第 3 章同样的仿真实验环境进行了算法的有效性验证。

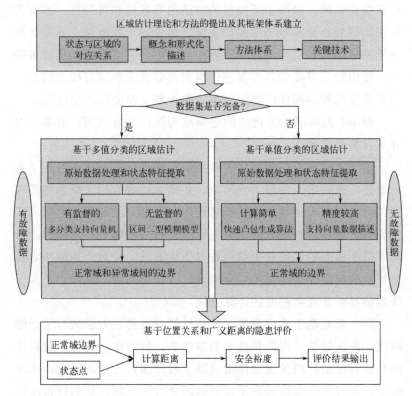

图 1-1　本书主要内容逻辑结构

第 2 章

基于区域估计的隐患
辨识和评估方法体系

本章对基于区域估计的隐患辨识和评估方法体系进行了系统
阐述，在提出正常域、异常域、正常域边界等相关概念的基础上，
讨论了基于区域估计的隐患辨识和评估方法的学术思想和实施步
骤。在此基础上，对区域的边界估计这一核心问题进行了探讨，
给出了基于模型的和数据驱动的边界估计方法。最后，为解决定
量化评价的问题，提出采用安全裕度这一量化指标，并给出了基
于区域边界计算安全裕度的计算方法。

2.1 基本概念及描述

本章将研究对象的运行状态分为正常、异常两种情况，其中
异常按其影响程度又可分为风险和应急，即运行状态分为正常、
风险和应急三种。在能够描述研究对象运行状态演化的状态空间
中，上述三种状态分别对应正常域、风险域和应急域。进行隐患
辨识和评估的根本目的是保证研究对象的正常运行，因此，以下
围绕正常域的概念进行讨论。

（1）正常域

正常域（normal region，NR）是一种从域的角度描述系统整体可正常稳定运行区域的定量模型，正常域边界与系统运行点的相对关系可提供定量化的系统不同状况下的运行安全裕度和最优控制信息。

在印后设备旋转部件的状态辨识的研究中，正常域是一个在研究对象（印后设备旋转部件）各运行状态相关变量（如振动、速度、位移、提取的状态特征等）所确定的空间内，用于评价研究对象运行状态是否正常的区域。具体到某一具体的研究对象，正常域是指在该对象运行状态相关变量（不同的研究对象，其运行状态相关变量亦不相同）所确定的空间内，用于评价当前对象的运行状态是否正常的区域。

如图 2-1 所示，若研究对象运行状态位于正常域内，则可判定系统运行是正常的，否则认为研究对象运行异常；若由于故障

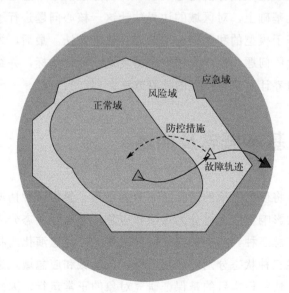

图 2-1　正常域

或外部干扰等原因使得研究对象运行状态由正常域演化至风险域内，则说明研究对象运行存在风险，需要及时采取相关预防控制措施，使研究对象运行回归到正常域内（如图中虚线箭头所示）；若研究对象运行在风险域内时没有及时正确地采取防控措施，则研究对象运行状态将会进一步恶化，最终演化至应急域（如图中故障轨迹所示），进而导致事故发生。即研究对象运行情况是随状态的变化而不断演化的，且施加于研究对象的作用不同，其演化轨迹也不同。

研究对象的运行状态是否正常与其对象模型是否稳定有直接映射关系，故可基于此对正常域进行数学上的形式化的描述和几何解释。对于某一具体的研究对象来说，可以将其本质理解为该对象运行状态中多个运行状态相关变量间的复杂耦合关系，因此可用如下运行状态的状态空间方程表示：

$$\frac{\mathrm{d}X}{\mathrm{d}t} = \dot{X} = f[X,t] \tag{2-1}$$

其中，$X = (x_1, x_2, \cdots, x_n) \in R^n$，为 n 维运行状态相关的状态矢量；$f(X) = \left[f_1(X,t), f_2(X,t), \cdots, f_n(X,t) \right]^{\mathrm{T}}$ 为与 X 同维的与运行状态相关的矢量函数。

若对式（2-1）存在状态矢量 X_e，对于所有 t 有 $f[X_e,t] \equiv 0$ 成立，则称 X_e 为对象的正常平衡状态。若具体研究对象比较复杂，可能存在多个正常平衡状态 $X_{e1}, X_{e2}, X_{e3}, \cdots$，则可定义一个平衡状态集合 $A = \{X_{e1}, X_{e2}, X_{e3}, \cdots\}$，其包含对象所有的正常平衡状态。

综上，给出本书讨论的印后设备旋转部件运行安全评估中正常域的定义。

定义 1（正常域）：给定初始条件 X_0，对于任意选定的实数 $\varepsilon > 0$，存在 A 的领域 $D_s(\varepsilon, A) \in R^n$，当 $X_0 \in D_s(\varepsilon, A)$ 时，有 $X(t;X_0)$ 与 A 的空间距离 $\rho[X(t;X_0),A] < \varepsilon$，$t > 0$，则称 $D_s(A) = \bigcup \left[D_s(\varepsilon, A) : \varepsilon \in R_+ \right]$ 为式（2-1）所示对象关于集合 A 的正

常域。

对正常域更直观的解释是：在具体研究对象的运行状态中，运行状态相关变量空间内的某一点从某一初始正常状态 X_0 出发，随着时间的增长，若该点的状态运动轨迹始终使得运行正常并逐步趋近于平衡状态 X_e，则这些点称为正常点，所有正常点在运行状态相关变量组成的状态空间内的分布区域即为正常域。图 2-2 为二维运行状态变量空间中正常域的示意图。

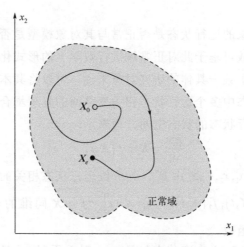

图 2-2　二维运行状态变量空间中的正常域

（2）正常域边界

从区域与空间划分的角度来说，由边界将空间划分成不同区域。当仅需区分正常状态和异常状态时，只需估计出一条正常域边界（如图 2-1），将运行状态相关变量空间划分为两个区域即可；当不仅需要区分正常与故障两种状态，还需更详细地辨识异常的多种故障状态时，需要估计出正常域和异常子域间的多条边界，完成多状态辨识。

针对两状态辨识，可用如下的分类决策函数表示：

$$f(X) = \text{sign}[Bound(X)] \qquad (2\text{-}2)$$

其中，$X = (x_1, x_2, \cdots, x_n) \in R^n$，为运行状态相关变量空间中的状态特征变量，$n$ 为状态特征变量的维数，$x_1, x_2, \cdots, x_n$ 为各个状态特征变量的元素值；$Bound(X)$ 为用于划分两个不同区域的边界函数，用于划分两个区域的边界方程可用 $Bound(X) = 0$ 来描述。

　　针对设备的多状态辨识这一问题，其本质是将设备的不同状态对应到运行状态相关变量空间的不同区域内，确定一个状态与区域的一一对应关系。更直观地说，是找到一个能够把运行状态相关变量空间划分为多个区域的规则函数，即多值分类决策函数。针对某一运行状态相关变量空间中的状态点 X，其状态辨识结果可用如下函数表示

$$Class(X) = \underset{i=1,2,\cdots,k}{\text{multisign}}[Bound_i(X)] = \{1, 2, \cdots, m\} \qquad (2\text{-}3)$$

其中，$Class(X)$ 为状态判别决策函数；$X = (x_1, x_2, \cdots, x_n) \in R^n$，为运行状态相关变量空间中的状态特征变量，$n$ 为状态特征变量的维数，$x_1, x_2, \cdots, x_n$ 为各个状态特征变量的元素值；函数 $\text{multisign}()$ 表示多值符号函数，其值域为 $\{1, 2, \cdots, m\}$，分别表示样本 X 被划分至第 1 类，第 2 类，$\cdots$，第 m 类，其中 m 表示需将状态空间划分为 m 个不同区域；$Bound_i(X)$ 表示第 i 个用于划分两个不同区域的边界函数，$i = 1, 2, \cdots, k$，k 为用于划分 m 个不同区域所需估计出的边界数量。

2.2　基于区域估计的隐患辨识和评估方法体系框架

　　基于正常域估计的状态辨识遵照状态监测和模式识别理论中的基本步骤，利用正常域估计理论和方法对应完成各步骤所需工

作，本节对这一新颖的状态辨识方法的基本思路和通用实施步骤进行介绍。

2.2.1　印后设备智能隐患辨识的基本思路

针对某一具体的研究对象，从正常域估计的角度出发，完成其运行状态评价大致分为两步。

第一步：计算研究对象的正常域边界，确定运行状态正常域和异常域空间。

正常域边界由正常域边界方程 $Bound(X)=Bound(x_1, x_2, \cdots, x_n)=c$ 来描述，其中 $x_1, x_2, \cdots, x_n$ 为可表征对象动态行为的多个内部变量，n 为变量个数，$Bound(X)$ 为表征对象运行状态的输出变量[假设其与正常度量成正相关，即正常程度越高，$Bound(X)$ 的值越大]，c 为表征正常阈值的一常数。当 $n=3$ 时，正常域边界方程 $Bound(x_1, x_2, x_3)=c$，即所描述的正常域边界为三维空间中的某一曲面，如图 2-3 所示。当 $n=1$ 时，此正常域边界方程为简单的单变量阈值。定义 $Bound(X)>c$ 所表示的区域（假设正常域边界方程所确定曲面以下的区域）为正常域；反之 $Bound(X)<c$ 所表示的区域（假设正常域边界方程所确定曲面以上的区域）为异常域。

第二步：基于正常域边界和安全裕度进行对象的安全评估。

基于已经确定的正常域边界、正常域和异常域空间，首先由对象运行状态变量的数据计算 $Bound(X)$ 的值，依据 $Bound(X)$ 是否小于 c 判断对象当前运行状态是否位于正常域内；其次，若对象运行状态处于正常域内，则计算对象运行状态点距离正常域边界的距离，此距离的大小定义为安全裕度，安全裕度越大表明对象运行状态的正常程度越高，若对象运行状态处于异常域内，则立即给出报警信息；最后，给出定量化的评估结果。

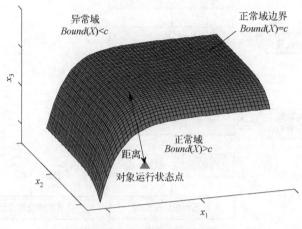

图 2-3　正常域概念示意

简而言之，基于正常域估计的运行状态评价方法的核心为正常域边界的估计，即正常域边界方程的获取，最终的定量化运行状态评价结果依据安全裕度的计算而给出。

2.2.2　印后设备智能隐患辨识的技术实现

针对某一具体的研究对象，从正常域估计，即区域划分的角度出发，完成其状态辨识和定量化评估一般需要经过以下五步，如图 2-4 所示。

第一步：针对具体的研究对象，掌握其基本原理和工况，分析其特点，如是否便于建模、是否能够获取状态监测数据等情况。

第二步：研究状态特征的表达，充分考虑现场的工作环境和对象特点，选取便于获取，同时能够充分、灵敏地反映对象运行状态变化的特征量。

第三步：依据所选取的状态特征变量，获取对象的运行状态特征，计算得到状态特征变量值，即得到运行状态相关变量空间

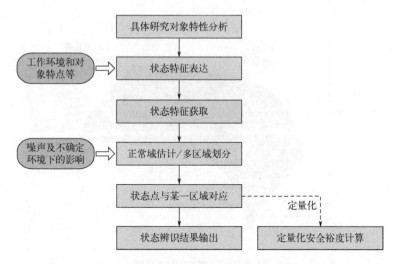

图 2-4　基于正常域估计的状态辨识和定量化评估流程

中的状态点，必要时需要考虑噪声及不确定环境对研究对象及获取过程的影响。

第四步：针对实际的状态辨识需求，完成单一的正常域边界估计或多区域的多条边界估计，将运行状态相关变量空间划分为所需的不同区域。

第五步：根据已完成的边界估计，将状态点对应至某一区域，完成状态辨识。

2.3　关键技术问题

在进行系统分析和处理的过程中可按能否获取对象模型将研究对象分为两大类。因此，本书根据具体研究对象可否获取对象模型，提出了基于模型和基于数据驱动的两种不同方案进行正常域估计方法的研究。对于对象模型已知或便于准确获取的研究对象，采用基于运行状态相关变量空间模型稳定域估计的正常域估计方法；对于对象模型未知且难以准确获取的研究对象，采用基于动态数据驱动混合智能（dynamic data-driven hybrid intelligence，DDHI）的正常域估计方法。本书对这两种方法的技术路线进行了梳理，并对后一种方法做了较深入的理论和应用研究。

2.3.1　基于模型的区域估计方法

在对象模型已知或便于准确获取的情况下，采用基于运行状态相关变量空间模型稳定域估计的方法进行正常域估计。需要选取能够表征具体研究对象运行状态且便于检测的运行状态相关变量，进而以所选取变量作为状态变量搭建对象的运行状态相关变量的状态空间模型，正常和发生各种故障时等不同系统状况则用模型对应的不同参数矩阵表示，通过不同参数矩阵的状态空间模型稳定域估计，可得到不同对象运行状况下的正常域边界。

基于运行状态相关变量的状态空间模型稳定域估计的方法的实现需解决运行状态相关变量的选取、运行状态相关变量组成的状态空间模型的搭建、不同系统状况下的模型参数矩阵辨识及稳定域估计四个关键问题。

（1）运行状态相关变量的选取

参考国内外印后设备旋转部件的使用标准以及其他相关文献资料，充分考虑状态空间模型建立的可行性以及研究对象的实际运行情况，基于专家经验、统计数据以及相关性分析等方法，选取能够表征系统运行状态且便于获得的运行状态相关变量。

（2）运行状态相关变量组成的状态空间模型搭建

基于已有的旋转部件微分方程等动力学建模研究成果和相关检测数据，利用适当的简化、推理和转换方法以及状态空间模型辨识方法，建立以所选取的运行状态相关变量为状态变量的状态

空间模型 $dX/dt = f(X)$，其中 $X = (x_1, x_2, x_3, \cdots, x_n)$ 为 n 个运行状态相关的状态变量。

（3）模型参数矩阵辨识

基于已有的状态空间模型，参考常见旋转部件模型相关基本参数的正常取值，并利用 EM（Expectation-Maximum，期望最大化算法）算法、递阶辨识等方法，确定和辨识系统完好时模型的参数矩阵 P_1 以及系统发生各种常见故障时模型的参数矩阵 P_2，P_3，$\cdots$，P_p。

（4）稳定域估计

基于系统不同状况时模型的参数矩阵，利用已有的复杂系统对象模型的稳定域估计方法，获取运行状态相关变量的状态空间模型以 P_1，P_2，P_3，$\cdots$，P_p 为参数矩阵时所对应的稳定域估计 SR_1，SR_2，SR_3，$\cdots$，SR_p，即正常及异常状况下所对应的正常域和异常域。

稳定域估计是最终获得正常域边界的关键，且实施难度相对较大。目前，复杂系统对象的稳定域估计已有 Lyapunov 函数方法、流形估计方法、蒙特卡洛方法、数轴反向迭代法等多种计算手段和线性矩阵不等式优化、遗传算法优化等优化方法。以下简单介绍其中几种较主流的方法。

① Lyapunov 函数方法　该方法主要是构造适当的 Lyapunov 函数。若关于某一稳定不动点构造的 Lyapunov 函数在某些点为凸函数，而从这些点出发的轨线又收敛于这一稳定不动点，则此 Lyapunov 函数的凸边界为系统稳定域边界。该方法适用于任意维的连续或离散复杂动力系统，但构造 Lyapunov 函数没有一般方法或确定规律可循，且其得到的估计结果大都偏保守。

② 流形估计方法　稳定域的边界包含在边界上的某一不稳定集的稳定流形。对于某一映射系统，由中心流形定理用数值计算得到鞍点不动点（或不稳定集）的稳定流，即得到稳定域边界。

此方法可较方便地得到映射系统的全部稳定域，但在许多实际动力系统中难以找到行之有效的方法求解到系统的稳定流形。

③ 蒙特卡洛方法　在变量空间内上确定某一研究区域，将其划分为有限多个初始点（扫描像素点），用数值计算方法扫描初始点并标记从这些点出发的状态运动轨线，以得到系统稳定域。此方法适用于任意维系统，可通过改变初始点个数来调整计算误差，但在进行时域仿真时，计算量大、效率低下，且在锁定研究区域时需不断地调试。

④ 数轴反向迭代法　从系统的最终状态出发，逆时间搜索可以来到最终状态的区域，即将最终状态集看成是目标集，则稳定域的搜索等价于求解目标集逆时间的可达集。该方法一般适用于演化系统，可确定系统最终演化结果，但须在满足系统存在逆映射且可得到有效求解的基础上方能保证稳定域的有效界定。

2.3.2　数据驱动的区域估计方法

基于 DDHI 的正常域估计方法是本书研究的重点，在此给出基本的方法框架和初步尝试后，在第 3 章和第 4 章中将针对具体的研究对象进行深入细致的讨论。

在对象模型未知且难以准确获取的情况下，采用基于 DDHI 的正常域估计方法。研究选取能够表征研究对象运行状态的相关变量；通过在线运行检测或实验模拟辅助的方法，获取处理研究对象在正常和异常状态运行时的多维状态数据，根据状态信息将数据对应至"正常"和"异常"两类中；采用基于混合智能的数据分类方法完成多维数据二元分类，得到最佳分类超平面（以下简称最佳分类面），此最佳分类超平面即为正常域边界；计算出运行状态相关变量空间内的正常域边界方程。

① 确定研究对象的运行状态相关变量 针对不同的研究对象及其特征，参考国内外相关技术领域中有关的状态评价标准和规范，确定选取对研究对象运行安全状态影响作用大且便于检测或获得的相关变量。

② 获取运行状态相关变量所对应的状态数据集 基于具体研究对象及所确定的运行状态相关变量，可以从三种不同途径获取研究对象在正常及异常状态下的状态数据集。现场采集获取研究对象在各工况下的实时运行数据；采用 Adams 和 Simulink 等动力学仿真软件搭建研究对象的动力学模型或仿真模型获取所需的仿真数据；查找相关研究机构提供的共享研究数据。

③ 预处理状态数据集 根据具体研究对象状态数据集的结构、属性等特征，选取可用的数据，并采用缩放、滤波、数据协调等技术进行数据预处理，消除数据中的奇异点，降低噪声和干扰的成分，使状态数据集可直接应用于后续正常域估计。如在机械振动信号的处理时可采用小波消噪和希尔伯特-黄变换等多种频域处理方法。

④ 确定数据最佳分类面 采用基于支持向量机（support vector machine，SVM）、粗糙集（rough sets，RS）理论等的分类方法及基于模糊理论（fuzzy logic，FL）、遗传算法（genetic algorithm，GA）等优化算法相结合的混合智能计算方法，将研究对象在正常状态和异常状态下的状态数据集分别标记并训练混合智能分类器，获取将数据二元分类的最佳分类面方程，即正常域边界方程，完成运行状态相关变量空间的正常域边界估计。

DDHI 方法是一类融合了数据驱动系统方法和混合智能计算方法的复杂数据处理和分析方法。DDHI 方法能够完成高维数据的降维、海量数据的约减、非线性数据的拟合和相关性分析、不确定性数据的解释和统计等数据分析处理工作，能够有效解决基于数据的状态特征提取、分类、辨识、诊断、辅助决策等问题。

以下首先对数据驱动和混合智能的研究现状进行简要介绍，然后给出 DDHI 方法的基本框架。

（1）数据驱动

复杂系统辨识分析方法大致可分为基于对象机理模型的和数据驱动的两种方法。数据驱动的方法不需要建立对象机理模型，而是从不同数据中获取信息并加以利用，借助对大量的离线/在线数据进行处理，实现基于数据的监控、诊断、决策和优化等预期目标。数据驱动技术起初主要是由多变量统计分析理论发展而来，主要应用包括建模、多变量统计过程控制（multivariate statistical process control，MSPC）、控制器设计、工业过程优化及性能监控与诊断等方面。但随着人工智能、系统工程、控制理论和计算机等技术的发展，数据驱动的研究范畴逐步扩展，已不再局限于统计分析领域，而认为凡是基于对数据分析处理而进行的方法技术研究均可属于数据驱动的研究内容。

目前，数据驱动的方法在诸多领域已有丰富的研究成果和应用经验。在控制领域，数据驱动控制方法主要包括基于在线数据的、基于离线数据的和基于在线和离线数据相结合的三类，多数方法的有效性已在实际应用中得到验证。在诊断和辨识领域，数据驱动的诊断和辨识方法主要有机器学习、多元统计分析、信号处理、粗糙集、信息融合等，不同方法适合于不同的现场环境。在数据驱动的决策方法方面，主要有基于贝叶斯网络的统计学方法、基于证据理论和模糊理论的推理方法、数据包络分析法（data envelopment analysis，DEA）、时间序列分析法（time series analysis，TSA）等。此外，也有学者对数据驱动的过程调度及优化问题进行了广泛的理论和应用研究。

数据驱动在控制、诊断辨识、决策优化、调度组织等领域的研究和应用成果对印后设备关键设备服役状态评估方法研究具有重要的借鉴意义，可以为正常域边界估计技术的研究提供有力的工具和支撑。

（2）混合智能

混合智能计算方法是将单个智能算法同其他智能算法或非智能算法组合起来产生的一种综合集成解决途径。它可以克服单个智能算法的缺陷，发挥多种智能算法的优势，具有更强的知识表达和推理能力、更高的运行效率和更好的复杂问题求解能力。Ovaska 在文献[53]中提出混合智能的结合方式可分为并行式、串行式、反馈式、增益式等 7 种，目前研究较多的是并行和串行两种。串行式结合是指先采用某一种算法进行数据预处理或数据特征提取，然后将所得结果输入给后一种算法进行后继分析以便于后一种算法的实施，获得更好的数据处理结果。并行式结合是指通过某一种优化算法优化另一种算法的参数或结构，从而提高后一种算法的性能。串行、并行、反馈三种结合方式可见图 2-5 中部所示。

目前，混合智能在解决非线性、多目标、有约束、离散等复杂建模、辨识和优化问题的高效能力已经受到各领域广泛的关注和应用。在复杂系统分析领域，混合智能方法已经在系统建模、状态预测、控制优化、故障诊断、工业数据分析、机器人等方面取得了丰富的研究成果，相关技术也已经在交通、计算机、管理、金融、医学等领域有广泛应用。

需要指出的是，相较于单个的或传统的智能算法，混合智能在复杂数据分析，尤其是高维噪声及不确定环境下数据的处理方面有明显优势，而这一优势在印后设备关键设备服役状态的分析辨识中可以得到充分发挥，用于状态数据的降维、消噪、分解和实时状态的辨识、评价、预测，从而更加快速精确有效地完成实时状态数据分析，得到对印后设备安全保障具有指导意义的评估结果。

（3）DDHI 方法

基于上述对数据驱动和混合智能的概述，在此给出 DDHI 方法的基本框架，见图 2-5。DDHI 方法的基本思想是将动态数据驱动技术与混合智能算法相结合，其基础是不断动态更新的数据，核心是混合智能数据处理分析算法，最终目的是输出实时分析结果以服务于工程现场。如图 2-5 所示，自左向右：首先基于各种数据采集和获取方法获取实时更新的动态数据，然后将所获取数据作为输入，针对不同研究对象的需求，用串行、并行、反馈等各种形式的混合智能算法选择或综合出合适的方法，完成复杂数据的分析处理，并根据实际工程需求输出处理后的实时结果，最后将所得结果应用于工程现场。DDHI 方法的亮点在于可以利用实时的更新数据得到实时的数据分析结果，其实现的关键在于提出合适的混合智能处理算法。

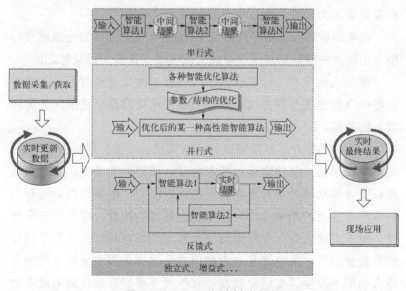

图 2-5　DDHI 方法基本框架

2.4 安全裕度

2.4.1 安全裕度的概念和内涵

（1）现有研究

"安全裕度"这一名词在不同研究领域中有不同的概念和含义。

在机械加工中，从规定的最大实体尺寸和最小实体尺寸分别向工件公差带内移动一个尺寸值称为安全裕度。安全裕度由公差确定，为工件公差的 5%～10%。

在结构设计中，安全裕度是指结构的失效应力与设计应力的比值减去 1.0 后的一个正小数，用以表征结构强度的富余程度。

在压力容器设计和制造中，压力容器的安全裕度常用爆破压力与设计压力之比来表示，压力容器在不同预应变下对应的安全裕度可表示为塑性失稳压力与设计压力之比。

在电磁兼容和电磁干扰研究中，安全裕度定义为安全敏感度门限与出现在关键试验点或信号线上的电磁干扰或电磁发射之比。

在航天航空和飞行器设计中，飞行速度安全裕度是指在飞行过程中飞行速度与保持飞行安全的最大速度或最小速度（失速速度）的差值。

在电力系统中，安全裕度相关研究比较丰富，划分也较细致。对于电压来说，从给定运行状态出发，按照某种模式，通过负荷增长或传输功率的增长逐步逼近电压崩溃点，则系统当前运行点到电压崩溃点的距离可作为电压稳定程度的指标，即电压安全裕度。对于电流来说，支路电流安全裕度是指各种情况下为了保证线路安全运行，支路满足电力部门热稳定有关要求允许承载的电流大小而不发生因支路重载或过载引起支路切除动作的电流安全运行裕度。

在道路交通方面，有学者提出了机动车驾驶员安全裕度。机动车驾驶员安全裕度是指：在道路交通系统中，除机动车驾驶员以外的其他因素在驾驶员有意识或潜意识地发生违章操作时，纠正其错误行为而避免交通事故发生的概率。

在轨道交通方面，有学者对高速转向架非线性稳定性及安全裕度进行了研究，提出安全稳定性裕度是指轨道车辆稳定运营所具有的安全余量，并通过临界速度和构架横向加速度对比，讨论高速转向架安全稳定性裕度内涵。其认为对于高速转向架应用而言，安全稳定性裕度具有轮轨磨耗对稳定性的敏感非线性影响、大阻尼抑制蛇行和抗蛇行吸能频带两种抗蛇行方式、高铁轮轨磨耗特征三方面的内涵。

（2）概念的提出

由以上可以看出，安全裕度概念在工程设计中可以指强度差、容积差、压力差、高度差、距离差、时间差、承载余量、备用容量等等，若撇开实际问题的具体物理含义，可以看出，裕度的本质是指某种差值或余量，而这种差值常常是指系统实际状态（或可能达到的实际状态）与某种边界状态（或极限状态）之间特定参数的数值之差。

通过对安全裕度概念应用情况和其本质内涵的分析，可以归纳出以下特点：

① 安全裕度概念在不同领域的内涵有所区别，目前还都没有统一的定义；

② 安全裕度概念常常与系统概念相联系；

③ 安全裕度概念与系统的现有状态有关；

④ 安全裕度与系统平衡临界性（常表现为极限值、最大值、破坏阈值等）有关；

⑤ 安全裕度概念常与系统安全性密切相关；

⑥ 安全裕度概念在本质内涵上有共同之处，它在数学上表示

某种差值或余量。

基于安全裕度的本质内涵和特征，本章所述安全裕度，将其定义为：对于某一具体研究对象，在其运行状态相关变量空间内，由某时刻该对象各运行状态相关变量取值所确定的状态点距离正常域边界的最小距离。其中，关于距离这一概念，需要指出的是，为避免某一确定的距离概念或计算方法可能不适用于某些印后设备的在线状态评价，并未给出较普适的安全裕度的概念，故在此定义中的"距离"指广义距离，对于不同的研究对象可选择合适的距离计算方法，如欧氏距离、马氏距离等。此外，正常域边界在二维运行状态相关变量空间内为一曲线，在三维运行状态相关变量空间内为一曲面，在更高维的运行状态相关变量空间内为可将其理解为一超平面，则安全裕度则可理解为状态点距离曲线/曲面/超平面的最小距离。

本章研究的安全裕度主要涉及距离计算方法的选择及点距线/面/超平面的最小距离计算，以下对这两方面分别进行介绍。

2.4.2 距离计算方法

（1）欧氏距离

欧氏距离是最易于理解的一种距离计算方法，源自欧氏空间中两点间的距离公式。两个 n 维向量 U_i（U_{i1}，U_{i2}，$\cdots$，U_{in}）与 U_j（U_{j1}，U_{j2}，$\cdots$，U_{jn}）间的欧氏距离按式（2-4）计算：

$$D_O(U_i,U_j) = \sqrt{\sum_{k=1}^{n}\left(U_{ik}-U_{jk}\right)^2} \tag{2-4}$$

需要注意的是，欧氏距离通常采用的是原始数据，而并非规范化后的数据，如有一变量取值在[1，100]时，可直接使用，而并非一定要将其归一化到[0，1]区间。正因为此，欧氏距离的优势在于新增对象不会影响到任意两个对象之间的距离计算。但是在对象属性的度量标准不一样时，如在度量分数时采取十分制和百分制，对结果影响较大。

（2）曼哈顿距离

曼哈顿距离也称为城市街区距离（city block distance，CBD），如将欧氏距离看作多维空间中点与点之间的直线距离，则曼哈顿距离是计算从一个对象到另一个对象所经过的折线距离，有时也可进一步将其描述为多维空间中对象在各维的平均差。两个 n 维向量 U_i（U_{i1}，U_{i2}，$\cdots$，U_{in}）与 U_j（U_{j1}，U_{j2}，$\cdots$，U_{jn}）间的曼哈顿距离按式（2-5）计算：

$$D_{\mathrm{CB}}(U_i, U_j) = \frac{1}{n} \sum_{k=1}^{n} |U_{ik} - U_{jk}| \tag{2-5}$$

需要注意的是，曼哈顿距离取消了欧氏距离的平方，因此使得离群点的影响减弱。

（3）切比雪夫距离

切比雪夫距离主要表现为在多维空间中，对象从某个位置转移到另一个位置所消耗的最小距离。其常用于聚类分析中，基于一维属性决定某对象的类别。两个 n 维向量 U_i（U_{i1}，U_{i2}，$\cdots$，U_{in}）与 U_j（U_{j1}，U_{j2}，$\cdots$，U_{jn}）间的切比雪夫距离按式（2-6）计算：

$$D_{\mathrm{Q}}(U_i, U_j) = \max_k (U_{ik} - U_{jk}) \quad k = 1, 2, \cdots, n \tag{2-6}$$

式（2-6）的等价形式为：

$$D_{\mathrm{Q}}(U_i, U_j) = \lim_{k \to \infty} (\sum_{k=1}^{n} |U_{ik} - U_{jk}|^k)^{1/k} \tag{2-7}$$

（4）闵可夫斯基距离

闵可夫斯基距离简称闵氏距离，其定义的是一组距离。两个 n 维向量 U_i（U_{i1}，U_{i2}，$\cdots$，U_{in}）与 U_j（U_{j1}，U_{j2}，$\cdots$，U_{jn}）间的闵氏距离按式（2-8）计算：

$$D_{\mathrm{Mi}}(U_i, U_j) = \sqrt[p]{\sum_{k=1}^{n} (U_{ik} - U_{jk})^p} \tag{2-8}$$

其中，p 是一个变参数。当 $p=1$ 时，即为曼哈顿距离；当 $p=2$ 时，即为欧氏距离；当 $p\to\infty$ 时，即为切比雪夫距离。

需要注意的是，闵氏距离的缺点主要有两个：①没有考虑各个分量的量纲，即"单位"是否不同，直接将其当作相同量纲对待；②没有考虑各个分量的分布（期望、方差等）可能是不同的。

（5）幂距离

幂距离可以简单描述为给向量中各个维度的不同元素分别赋予不同的权重值后，再计算两向量的距离。两个 n 维向量 $\boldsymbol{U}_i$（U_{i1}，U_{i2}，…，U_{in}）与 $\boldsymbol{U}_j$（U_{j1}，U_{j2}，…，U_{jn}）间的幂距离按式（2-9）计算：

$$D_{\mathrm{P}}(\boldsymbol{U}_i,\boldsymbol{U}_j)=\sqrt[r]{\sum_{k=1}^{n}\left(U_{ik}-U_{jk}\right)^p} \tag{2-9}$$

其中，p 同闵氏距离，用于控制各维元素的渐进权重；r 为自定义的变参数，用于控制向量间较大差值的渐进权重。可见，当 $r=p$ 时，即为闵氏距离。

（6）加权欧氏距离

加权欧氏距离亦称标准化欧氏距离，是针对简单欧氏距离的缺点而做的一种改进方案。其将采用标准化方法对向量中的不同元素赋予不同的权重，各权重之和为 1。两个 n 维向量 $\boldsymbol{U}_i$（U_{i1}，U_{i2}，…，U_{in}）与 $\boldsymbol{U}_j$（U_{j1}，U_{j2}，…，U_{jn}）间的加权欧氏距离按式（2-10）计算：

$$D_{\mathrm{W}}(\boldsymbol{U}_i,\boldsymbol{U}_j)=\sqrt{\sum_{k=1}^{n}\left(\frac{U_{ik}-U_{jk}}{s_k}\right)^2} \tag{2-10}$$

其中，s_k 为所有向量第 k 维样本的标准差。

（7）马氏距离

马氏距离即协方差距离，与欧氏距离不同的是其考虑了向量中各元素之间的联系，与元素的量纲无关，排除了元素之间的干扰。两个 n 维向量 $\boldsymbol{U}_i$（U_{i1}，U_{i2}，…，U_{in}）与 $\boldsymbol{U}_j$（U_{j1}，U_{j2}，…，

U_{jn}）间的马氏距离按式（2-11）计算：

$$D_{Ma}(U_i, U_j) = \sqrt{(U_i - U_j)^T S^{-1} (U_i - U_j)} \qquad (2\text{-}11)$$

其中，S 为向量的协方差矩阵。若 S 为单位矩阵，则马氏距离即演化为欧氏距离，若 S 为对角矩阵，则马氏距离等于加权欧氏距离。

（8）夹角余弦距离

夹角余弦距离用于描述两个向量之间的夹角大小。两个向量的方向完全相同时，距离为 1；当两个向量方向相反时，则为-1。两个 n 维向量 U_i（U_{i1}，U_{i2}，…，U_{in}）与 U_j（U_{j1}，U_{j2}，…，U_{jn}）间的夹角余弦距离按式（2-12）计算：

$$D_{cos}(U_i, U_j) = \cos(U_i, U_j) = \frac{\sum_{k=1}^{n} U_{ik} U_{jk}}{\sum_{k=1}^{n} U_{ik}^2 \sum_{k=1}^{n} U_{jk}^2} \qquad (2\text{-}12)$$

（9）相关距离

相关距离=1-相关系数。相关系数是用来衡量两个向量之间的相关程度的一个常用指标，取值为[-1, 1]，且系数越大，相关度越高。当两个向量之间线性相关时，若为正线性相关时则为 1，若为负线性相关时则为-1。两个 n 维向量 U_i（U_{i1}，U_{i2}，…，U_{in}）与 U_j（U_{j1}，U_{j2}，…，U_{jn}）间的相关距离按式（2-13）计算：

$$D_C(U_i, U_j) = 1 - \frac{cov(U_i, U_j)}{\sqrt{D(U_i)}\sqrt{D(U_j)}} = \frac{E[(U_i - E_{U_i})(U_j - E_{U_j})]}{\sqrt{D(U_i)}\sqrt{D(U_j)}} \qquad (2\text{-}13)$$

其中，$cov(U_i, U_j)$ 为协方差矩阵；$D(U_i)$ 为 U_i 的方差；$D(U_j)$ 为 U_j 的方差；E_{U_i} 为 U_i 的期望；E_{U_j} 为 U_j 的期望。

（10）汉明距离

汉明距离可描述为将同等长度的字符串由其中一个变换到另一个的最小替换次数。如将（11100）变换为（00010），需替换 4 次，则其汉明距离为 4。汉明距离主要计算通信中数据传输时改变的二进制位数，因此也称为信号距离。

在本书中，主要以滚动轴承这一旋转机械作为研究对象，通过振动信号提取状态特征作为运行状态相关变量，可不考虑变量量纲和分布对距离计算的影响，因此在本书第 3~5 章中选用欧氏距离计算安全裕度。

2.4.3 最小距离求解

依据 2.4.1 节中给出的安全裕度的定义，在选定了距离计算方法后，需要计算状态点距离正常域边界的最小距离，得出安全裕度的具体数值。如 2.4.2 节中所述，本书主要利用欧氏距离计算安全裕度，故以下针对点距离正常域边界的欧氏距离最小值的计算方法进行讨论，关于其他距离最小值的计算在此不做详细阐述。

（1）数学建模

如 2.2.1 节中所述，设正常域边界可隐式表示为：

$$g(X)-c = g(x_1,x_2,\cdots,x_m)-c = 0 \tag{2-14}$$

其中，X 是由 m 个运行状态相关变量组成的 m 维向量，向量中元素为 x_1，x_2，$\cdots$，x_m；c 为一常量。

设某装备在某时刻的运行状态相关变量空间内的运行状态点为 $A(a_1, a_2, \cdots, a_m)$，同一空间中的正常域边界上任一点为 $B(b_1, b_2, \cdots, b_m)$，则最小欧氏距离的求解可建立如下最优化模型：

$$\begin{cases} \min & distance(A,B) = \sqrt{\sum_{i=1}^{m}(a_i-b_i)^2} \\ \text{st.} & g(B)-c = g(b_1,b_2,\cdots,b_m)-c = 0 \end{cases} \tag{2-15}$$

（2）求解方法

针对如式（2-15）所示的点到曲线/面的最小距离这一优化问题，其求解方法有两类：一是基于几何特征的方程求解方法；二是最优化方法。基于几何特征的方程求解按方程求解的方法又可分为离散牛顿法、区间牛顿法、快速迭代法等。最优化方法包括黄金分割、二次插值、分割逼近算法等。在针对具体对象时，应该综合考虑实际情况对精度、效率、适应性的要求，选取合适的最小距离求解方法。

① 基于几何特征的方程求解方法　如式（2-15）中的约束条件所示，可将正常域边界方程看作一个隐式曲线/曲面 C，以下基于计算复杂度较低的离散牛顿法的方程组求解方法，以点到隐式曲线的最小距离求解为例，给出常用的具体算法。

对于给定点 Q，若在隐式曲线上 P 点达到局部极大或极小距离，则向量 Q_P 与 P 点的切向量 T_P 垂直，可得一个方程组。对于给定点 Q，若在隐式曲面上某点 M 处达到局部极大距离或局部极小距离，则应有 Q_M 向量与 M 点处的法向 N_M 是平行的，因此得另一个方程组。将二维平面隐式曲线表示为

$$f(x, y) = 0 \qquad (2\text{-}16)$$

T_P 为隐式曲线上点 P 的切向量，则

$$T_P = \left(-f_y, f_x\right) \qquad (2\text{-}17)$$

若给定点 Q 到隐式曲线上的 P 点达到局部极值距离，则有

$$Q_P \cdot T_P = 0 \qquad (2\text{-}18)$$

可见，求解给定点 Q 到隐式曲线的最小距离 $d_{\min}$ 的关键在于找到点 Q 到曲线上能达到极值距离的点 P_1，P_2，$\cdots$，P_k。因这些点同时满足曲线方程（2-16）和方程（2-18），故可得非线性方程组：

$$\begin{cases} f(x, y) = 0 \\ Q_P \cdot T_P = 0 \end{cases} \qquad (2\text{-}19)$$

A. 非线性方程组的迭代解法。

下面讨论方程组（2-19）的解法，给出常用的离散牛顿法求解方法。设有非线性方程组

$$\begin{cases} f_1(x_1, x_2, \ldots, x_n) = 0 \\ f_2(x_1, x_2, \ldots, x_n) = 0 \\ \quad\quad\quad\vdots \\ f_n(x_1, x_2, \ldots, x_n) = 0 \end{cases} \quad (2\text{-}20)$$

其中，$f_i(x_1, x_2, \ldots, x_n)$，$i=1$，2，$\cdots$，$n$ 为实变量非线性函数，是已确定的多元函数。式（2-20）可用向量的形式表示为

$$F(\boldsymbol{X}) = \begin{bmatrix} f_1(\boldsymbol{X}) \\ f_2(\boldsymbol{X}) \\ \vdots \\ f_n(\boldsymbol{X}) \end{bmatrix} = 0, \quad \boldsymbol{X} = \begin{bmatrix} x_1 \\ x_2 \\ \vdots \\ x_n \end{bmatrix} \in R^n \quad (2\text{-}21)$$

在求解式（2-21）时常用的迭代方法是牛顿法，其处理过程如下。

对于非线性方程组 $F(\boldsymbol{X}) = 0$，其中 $F(\boldsymbol{X}) = [f_1(x), f_2(x), \cdots, f_n(x)]^{\mathrm{T}}$，$f_i(x)$ 的偏导数矩阵记为 $\boldsymbol{J}(\boldsymbol{X})$ 或 $\boldsymbol{F'}(\boldsymbol{X})$。

$$\boldsymbol{J}(\boldsymbol{X}) = \boldsymbol{F'}(\boldsymbol{X}) = \begin{bmatrix} \dfrac{\partial f_1(\boldsymbol{X})}{\partial x_1} & \dfrac{\partial f_1(\boldsymbol{X})}{\partial x_2} & \cdots & \dfrac{\partial f_1(\boldsymbol{X})}{\partial x_n} \\ \dfrac{\partial f_2(\boldsymbol{X})}{\partial x_1} & \dfrac{\partial f_2(\boldsymbol{X})}{\partial x_2} & \cdots & \dfrac{\partial f_2(\boldsymbol{X})}{\partial x_n} \\ \vdots & \vdots & & \vdots \\ \dfrac{\partial f_n(\boldsymbol{X})}{\partial x_1} & \dfrac{\partial f_n(\boldsymbol{X})}{\partial x_2} & \cdots & \dfrac{\partial f_2(\boldsymbol{X})}{\partial x_n} \end{bmatrix} \quad (2\text{-}22)$$

设 $\boldsymbol{X}^*$ 为 $F(\boldsymbol{X}) = 0$ 的解，设 $\boldsymbol{X}^{(k)} = [x_1^{(k)}, x_2^{(k)}, \cdots, x_n^{(k)}]^{\mathrm{T}}$ 为 $\boldsymbol{X}^*$ 的近似解，则利用多元函数 $f_i(x)$ 在 $\boldsymbol{X}^{(k)}$ 的泰勒公式，有

$$f_i(\boldsymbol{X}) = f_i[\boldsymbol{X}^{(k)}] + \left[x_1 - x_1^{(k)}\right] \frac{\partial f_i\left[\boldsymbol{X}^{(k)}\right]}{\partial x_1} + \cdots + \left[x_n - x_n^{(k)}\right] \frac{\partial f_i\left[\boldsymbol{X}^{(k)}\right]}{\partial x_n} +$$

$$\frac{1}{2} \sum_{j,l=1}^{n} \left[x_i - x_j^{(k)}\right]\left[x_i - x_l^{(k)}\right] \frac{\partial^2 f_i(C_i)}{\partial x_j \partial x_l} = P_i(\boldsymbol{X}) + R \quad (2\text{-}23)$$

其中，C_i 在 $\boldsymbol{X}^{(k)}$ 与 $\boldsymbol{X}$ 所连的线段内。

若采用式（2-23）中的线性函数 $P_i(\boldsymbol{X})$ 近似代替 $f_i(x)$，并将

线性方程组

$$P_i(\boldsymbol{X}) = f_i[\boldsymbol{X}^{(k)}] + \left[x_1 - x_1^{(k)}\right]\frac{\partial f_i\left[\boldsymbol{X}^{(k)}\right]}{\partial x_1} + \cdots + \left[x_n - x_n^{(k)}\right]\frac{\partial f_i\left[\boldsymbol{X}^{(k)}\right]}{\partial x_n} = 0$$

$$(2\text{-}24)$$

的解作为 $\boldsymbol{X}^*$ 的第 $k+1$ 次近似解 $\boldsymbol{X}^{(k+1)}$。将式（2-24）转换为矩阵形式。

$$\boldsymbol{F}\left[\boldsymbol{X}^{(k)}\right] + \boldsymbol{J}\left[\boldsymbol{X}^{(k)}\right]\left[\boldsymbol{X} - \boldsymbol{X}^{(k)}\right] = 0 \qquad (2\text{-}25)$$

若 $\boldsymbol{J}\left[\boldsymbol{X}^{(k)}\right]$ 是非奇异矩阵，则可得牛顿迭代公式

$$\begin{cases} \boldsymbol{X}^{(0)} & (\text{初始向量}) \\ \boldsymbol{X}^{(k+1)} = \boldsymbol{X}^{(k)} - \left\{\boldsymbol{J}\left[\boldsymbol{X}^{(k)}\right]\right\}^{-1}\boldsymbol{F}\left[\boldsymbol{X}^{(k)}\right] \end{cases} \qquad (2\text{-}26)$$

采用牛顿法求解非线性方程组（2-21），可用如下形式。

$$\begin{cases} \boldsymbol{X}^{(0)} & (\text{初始向量}) \\ \boldsymbol{J}\left[\boldsymbol{X}^{(k)}\right]\Delta\boldsymbol{X}^{(k)} = \boldsymbol{F}\left[\boldsymbol{X}^{(k)}\right] \\ \boldsymbol{X}^{(k+1)} = \boldsymbol{X}^{(k)} - \Delta\boldsymbol{X}^{(k)} \end{cases} \qquad (2\text{-}27)$$

故由式（2-27）可知，每次计算 $\boldsymbol{X}^{(k)} \to \boldsymbol{X}^{(k+1)}$ 时需要三步：计算矩阵 $\boldsymbol{J}[\boldsymbol{X}^{(k)}]$ 和 $\boldsymbol{F}[\boldsymbol{X}^{(k)}]$；求解线性方程组 $\boldsymbol{J}[\boldsymbol{X}^{(k)}]\Delta\boldsymbol{X}^{(k)} = \boldsymbol{F}[\boldsymbol{X}^{(k)}]$；计算 $\boldsymbol{X}^{(k+1)} = \boldsymbol{X}^{(k)} - \Delta\boldsymbol{X}^{(k)}$。但在实际问题中，很多情况下 $\boldsymbol{J}[\boldsymbol{X}^{(k)}]$ 的计算相当复杂，因此可用相应的差商代替 $\boldsymbol{J}[\boldsymbol{X}^{(k)}]$ 的元素，即：

$$\frac{\partial f_i\left[\boldsymbol{X}^{(k)}\right]}{\partial x_j} \approx \frac{f_i\left[\boldsymbol{X}_j^{(k)}\right] - f_i\left[\boldsymbol{X}^{(k)}\right]}{h} \qquad (2\text{-}28)$$

其中，h 足够小，且

$$f_i[\boldsymbol{X}_j^{(k)}] = f_i[x_1^{(k)}, x_2^{(k)}, \ldots, x_{j-1}^{(k)}, x_j^{(k)} + h, x_{j+1}^{(k)}, \cdots, x_n^{(k)}] \qquad (2\text{-}29)$$

则 $\boldsymbol{J}[\boldsymbol{X}^{(k)}]\Delta\boldsymbol{X}^{(k)} = \boldsymbol{F}[\boldsymbol{X}^{(k)}]$ 变换为

$$\sum_{i=1}^{n} f_i\left[\boldsymbol{X}_i^{(k)}\right]z_i^{(k)} = f_i\left[\boldsymbol{X}^{(k)}\right], \qquad j = 1, 2, \cdots, n \qquad (2\text{-}30)$$

$$z_i^{(k)} = \frac{\Delta x_i}{h + \sum_{k=1}^{n} \Delta x_k}, \quad i = 1, 2, \cdots, n \tag{2-31}$$

经式（2-20）～式（2-31）的变换，牛顿法求解非线性方程组的计算过程如下。

步骤 1：设隐式曲线 C 的端点分别为 E_1 和 E_2，取初始值 $X=[x_1, x_2, \cdots, x_n]$，$t$，$h>0$，$0<t<1$，计算 $f_i(X) \to E_1(i)$，其中 $i=1, 2, \cdots, n$。

步骤 2：若有 $\max\limits_{1 \le i \le n}|E_1(i)| < \varepsilon$，则方程组的一组实数解为 $X=[x_1, x_2, \cdots, x_n]^T$，计算过程结束，否则继续步骤 3。

步骤 3：计算 $f_i(X_j) \to E_2(i, j)$，$(i, j=1, 2, \cdots, n)$，其中 $X_j=[x_1, \cdots, x_{j-1}, x_j+h, x_{j+1}, \cdots, x_n]$。

步骤 4：解线性代数方程组 $E_2Z=E_1$，其中 $Z=[z_1, z_2, \cdots, z_n]$，并计算 $\beta = 1 - \sum_{j=1}^{n} z_j$。

步骤 5：计算 $x_i - hz_i/\beta \to x_i$，$(i=1, 2, \cdots, n)$。

步骤 6：$t \times h \to h$，转步骤 1。

B. 点到隐式曲线最小距离的算法。

经上述讨论，现给出基于离散牛顿法所构建的定点 Q 到隐式曲线 C 的最小距离的计算方法。

首先，取 $d_{\min} = \min\{$定点 Q 到隐式曲线 C 端点 A 的距离 $|QA|$，定点 Q 到隐式曲线 C 端点 B 的距离 $|QB|\}$；

其次，将 $X \times Y$ 区域等分为若干小区域，第 k 个小区域记为 $\Delta^{(k)}$，在其中取 $X^{(k)} = \left[x^{(k)}, y^{(k)} \right]$ 为初始值，在 $\Delta^{(k)}$ 中应用离散牛顿法求解方程组（2-31）的解，若在 $\Delta^{(k)}$ 中存在方程组的 $X^* = [x^*, y^*]$，其对应的点为 P^*，则取 $d_{\min} = \min\{d_{\min}, |QP^*|\}$，对 $\Delta^{(k+1)}$ 进行同样的处理，直至处理完所有的小区域。

最后，输出定点 Q 到隐式曲线 C 的最小距离 $d_{\min}$。

基于几何特征的方程组求解方法的最显著优点是其计算效率高，相对于最优化方法来说，其在计算点到隐式曲面的最小距离时表现较为明显。但该方法面对更高维曲面时，其本身的计算负担会增大，计算效率将降低。在计算精度方面，由上述非线性方程组的迭代解法和最小距离计算可见，迭代求解的结果与 X 向量的初始值密切相关，因此在使用基于几何特征的方程组求解方法计算最小距离时，初始点的选择对于算法精度的影响很大。即，该方法对于初始点的选择要求很高，初始点选择不当将直接导致算法不收敛或收敛于局部最优，而初始点的选择若依靠人工，则算法的自动性和实时性将无法满足要求。

② 最优化方法　最优化方法的基本思路是将曲线/曲面分割，通过计算分割后的线段/区域上的点到给定点的距离来逐步搜索以获得最小距离。以下简要介绍黄金分割法、二次插值法和分割逼近法三种常用的最优化方法。

黄金分割法，又称 0.618 法，与分割逼近法类似，是优化计算中的经典算法，也是许多优化算法的基础。该算法以实现简单、效果显著而著称，但其同样只适用于一维区间上的凸函数。其基本思想是依照"留好去坏"原则、对称原则、等比收缩原则来逐步缩小搜索范围。基本原理为：设所求的最小距离用函数 $f(x)$ 的最小值表示，$f(x)$ 在 $[a, b]$ 上为单峰函数，最小点为 x^*，在 (a, b) 上取两点 $x_1=a+(1-w)(b-a)$，$x_2=a+b-x_1=a+w(b-a)$，将曲线分为三段，其中，$a<x_1<x_2<b$，$w=0.618$。比较 $f(x_1)$ 和 $f(x_2)$ 的大小后，按"留好去坏"的原则删除一段，并在剩余的曲线上根据对称原则计算对称点的函数值，根据函数值留下取值较小的一段，不断迭代，直到曲线的剩余区间满足精度要求为止。

二次插值法，又称抛物线法。由于凸函数在极值点附近是近似抛物线，离极值点越近，其近似程度越好。其基本原理是：所求的最小距离用函数 $f(x)$ 的最小值表示，$f(x)$ 在 $[a, b]$ 上为单峰函数，有极小点 x^*，在 $[a, b]$ 内有一点 c，若有 $f(a) > f(c)$ 且 $f(c) < f(b)$，则用该三点的函数值构成一个二次多项式，用虚构二次函数的极小点 x_v 作为区间 $[a, b]$ 的新的插入点，并比较 $f(a)$、$f(b)$、$f(c)$、$f(x_v)$ 四个点的函数值，根据区间极值存在条件，保留函数值能够构成大、小、大的 3 个点，从而压缩搜索空间，如此直至区间被压缩到满足收敛精度为止。针对解析性良好的一元函数，该一维搜索方法收敛速度十分快，但只适用于一维区间上的单峰凸函数。

分割逼近法，又称格点法，其不存在对目标函数的局限性，可用于点到曲线或曲面的最小距离的计算。以点到曲面的最小距离计算为例，简单说明该方法的原理：首先将曲线分割为若干段（等分或不等分均可），计算点到曲线上每一段两端点的距离，并取计算出的所有距离中的最小值；则认为点到曲线最小距离必然落在与此最小距离所对应的端点的相邻曲线段上，然后将此相邻的两段曲线合为一段，并将此段曲线再次分割为若干段，计算点距离每段曲线两端点的最小距离，根据求取的最小距离截取出该端点两边的相邻的两段曲线；然后，根据定点到某一段曲线两端点距离的差值判断此时计算结果精度是否满足要求，若是，则停止分割，若否，则重复上述过程继续进行曲线分割。在进行点到曲面的最小距离求解时，可先将曲面网格化为若干小格，计算定点到每块格子的 4 条边中心点的距离，取最小值后，选取此最小值所在的边相邻的 2 个格子进一步细分，最后可利用格子 4 条边中心点与定点的距离的差值来判断是否满足精度要求。在此，以点到曲线的最小距离求解为例，给出基于分割逼近法的计算流程，如图 2-6 所示。相较于上述其他最优化方法，该方法具有可靠性高、适应性好、可避免局部寻优的优点。无论是曲线还是曲面，且无论目标函数和约束条件是何种形式，是否存在病态情况，此方法均可使用，均能求得离散问题的最优解。当网格初始间距取较小值时，可得到全局最优解。虽然格点法的计算简单，但当迭代精度要求高或曲面维数较高时，所需划分网格数目将迅速增大，从而导致计算负担增大，计算效率降低。

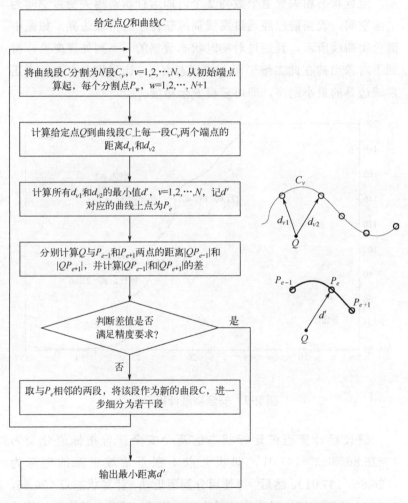

图 2-6　基于分割逼近法的点到曲线最小距离计算流程

2.4.4 安全裕度计算示例

本节给出二维平面上的一个安全裕度计算示例，如图 2-7 所示。运行状态相关变量个数为 2 个，即运行状态相关变量空间为二维空间，设当前已经通过离线训练获得了正常域边界，如图中黑色实曲线所示，且通过对实时状态数据的一系列处理变换，得到了对象当前在此二维平面上的状态点 1。计算状态点 1 距离正常域边界的最小距离，即可获得安全裕度。

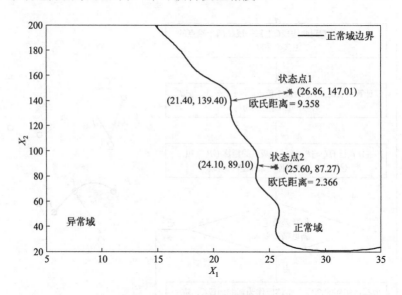

图 2-7 安全裕度计算示例

假设经计算当前运行状态的两个安全评价指标值分别为 $X_1=26.86$ 和 $X_2=147.01$，即状态点 1 在正常域平面的坐标为（26.86，147.01）。然后，可使用分割逼近法，计算状态点（26.86，147.01）与正常域边界曲线的最小欧氏距离。基于上节给出的算法的流程，找到该状态点距离曲线上点（21.40，139.40）的欧氏距离最小，为 9.358，则安全裕度的值为 9.358。

进一步地，假设在下一时刻此状态点发生转移，转移至图中状态点 2 所示的位置，经计算状态点 2 的两个安全评价指标值分别为 X_1=25.60 和 X_2=87.27，即其在正常域平面的坐标为（25.60，87.27）。仍使用分割逼近法计算该点与正常域边界曲线的最小距离。可找到点（25.60，87.27）距离曲线上点（24.10，89.10）的欧氏距离最小，为 2.366，即此时安全裕度的值为 2.366。可见，经过一段时间，同一对象的安全裕度由 9.358 缩小为 2.366，说明后一时刻的状态与前一时刻的状态相比，其安全性程度变差，状态点有向非正常域转移的趋势。

由上可得，经过安全裕度的计算能够定量化给出对象的实时运行状态评价结果，并可与历史状态进行对比以分析对象状态的转移趋势。

本章小结

本章对基于区域估计的隐患辨识和评估方法中涉及的基本理论和方法进行了讨论。给出了正常域、正常域边界等的基本概念及其形式化描述，在此基础上讨论了基于区域估计的状态辨识的学术思想和实施步骤，并详细阐述了其中的关键技术问题——正常域边界估计的方法，根据具体研究对象可否获取对象模型，提出了两条并行的技术路线——基于模型的方法和数据驱动的方法。此外，本章还深入讨论了基于安全裕度的定量化状态评价，解释了安全裕度的概念并叙述了基于广义距离的安全裕度的计算方法。本章内容将为后续的第 3 章和第 4 章中的多值和单值分类区域估计状态辨识提供基础理论支撑。

第 3 章

基于多值分类区域估计的状态辨识方法

本章针对印后设备中普遍使用且极具典型性的关键部件滚动轴承展开深入的方法研究和实验验证，重点关注有监督和无监督的两类方法在解决状态辨识问题中的能力和适应性，因此对支持向量机和二型模糊 C 均值聚类两种方法分别进行了研究。

首先，简要介绍了印后设备中常用滚动轴承的构造、工作原理和常见故障形式，并叙述了基于振动信号分解的状态特征提取方法；然后，阐述了基于多分类支持向量机的区域估计方法，并给出了试验验证结果；最后，提出了基于区间二型模糊理论的多值分类方法并进行了试验验证。

3.1 基于振动信号分解的状态特征提取方法

3.1.1 印后设备常用滚动轴承

滚动轴承是模切机等印后设备中应用十分广泛的一种通用机械部件，但其故障发生率较高，据统计仅有 10%~20%的滚动轴承可以达到设计寿命。滚动轴承在使用过程中常常由于疲劳、磨损、拉伤、电腐蚀、断裂、胶合等各种原因造成机器性能异常，无法正常工作。有统计显示，旋转类机械部件中约有 30%的故障由滚动轴承导致，因此在模切机等印后设备中滚动轴承是故障高发的关键部件，其服役状态的正常与否对机器运转状态有极大影响。以下简要对印后设备中常用滚动轴承的构造、工作原理及常见故障形式做简要叙述，并为实现基于振动信号的状态特征提取，本书也初步分析了滚动轴承的振动机理。

（1）滚动轴承的构造和工作原理

目前模切机等印后设备中常用的滚动轴承有球轴承和单列圆锥滚子轴承等。滚动轴承一般由内圈、外圈、滚动体、保持架、中隔圈等组成。滚动轴承是借助于在内、外圈之间的滚动体滚动实现传力和滚动的。内圈紧配合于轴颈上，随轴颈回转，并引导滚动体一面绕其轴心自转，一面沿内外圈滚道公转。轴承有径向间隙和轴向间隙，以保证滚动体能自由转动，滚动体与内、外圈之间的相对运动完全是滚动，而不是滑动。保持架用以维持各滚动体之间的位置，防止歪斜和相互碰撞，保证滚动体能沿滚道均匀分布。

（2）滚动轴承常见故障形式

① 滚子破碎、缺损　主要原因是材质差和热处理质量不高，有些滚子金相组织过热后，塑性变形，脆性加大，在承受突然的冲击力时易造成破碎及缺损。

② 内、外圈裂纹　轴承内、外圈发生破裂的原因，除与上述滚子破碎的原因一样以外，还与轴颈的加工和组装工艺、油脂润滑条件等因素有关。轴颈的圆度、圆柱度、配合过盈量过大，加工精度差，在正常运行温度下，如受到外力的瞬间较大冲击力作用易造成脆性裂纹。

③ 轴承内、外圈及滚子剥离　剥离一般是由于轴承达到使用

寿命的正常疲劳损坏，是轴承失效的典型现象，主要与承受力、运行时间和材质有关。剥离一般呈现较浅的鱼鳞状、网状剥离或掉块现象。在实际运行过程中，对运行安全危害最大的是内外圈滚道及滚子表面发生早期剥离，造成轴承失效。原因一般是材质不良，有杂质或气泡，易引起表面下浅层处的疲劳应力集中。此外，轴承组装工艺是一重要原因，如组装不正位，轴承自由状态下的轴向游隙过大或过小、外圈和滚子工作表面擦伤、麻点、锈蚀、缺油及轴承偏载、运行中瞬间较大冲击力作用，都可造成轴承各零部件工作表面发生剥离。

④ 外圈和滚子工作表面擦伤、划伤　主要是滚子和外圈相互滑动造成的，特别是有一零件表面有细微损伤时；另外，有硬性杂质混入滚动区域，也会造成此类问题，如出现擦伤、划伤，易造成轴承工作表面的早期剥离。

⑤ 外圈和滚子滚动表面的压痕　工作表面残留有机械损伤性的压痕，多呈现凹陷或条状痕迹，主要是瞬间巨大的冲击力造成的。

⑥ 外圈和滚子滚动表面麻点　一般是金属呈现点状从基体上脱落，有目视可辨的面积和深度，形成细密的凹点坑，主要是由于轴承制造硬度较低、材质疲劳强度不够、热处理工艺不良、油脂中存有硬性杂质等，也可能是由于超载、偏载，从而造成此类问题的发生。

⑦ 外圈和滚子表面碾皮　工作表面的金属呈现很薄的碾压层脱落，一般是因零部件材质疲劳强度不够、热处理不当、瞬间冲击力、偏载等原因造成，也可能是因轴承轴向游隙过小、缺油等原因造成。

⑧ 锈蚀　外圈、内圈和滚子表面出现锈蚀，主要是由于轴承清洗不干净、所注油脂中含有水分、污物造成的，也可能是由于印后设备运行过程中，密封装置密封效果不良，导致后期轴承滚动区域进水造成的。

⑨ 电蚀 轴承零部件电蚀时，呈现搓衣板状、波纹状缺陷，一般是由于有电流通过轴承，产生轴承局部放电现象造成的。

由上可见，按滚动轴承组成及故障部位，其故障可分为内圈故障、外圈故障、滚动体故障三大类。

（3）滚动轴承振动机理

滚动轴承的外圈与轴承底座或机壳固定或相对固定连接，内圈与传动轴连接并随传动轴一起旋转。在印后设备运行途中，由于滚动轴承的自身结构、加工装配误差、运行故障等内部因素和传动轴上连接的其他零部件的运动和作用力、噪声等外部因素，当传动轴以一定的速度并在一定载荷下运转，将会对轴承、底座和外壳组成的滚动轴承整体产生振动激励。引起滚动轴承振动的激励很多，其运行过程中的振动和噪声信号亦非常复杂，图3-1所示为滚动轴承的振动机理。

轴承本身固有振动主要指由于轴承本身结构特点引起的振动。当轴承旋转时，滚动体便在轴承内、外圈滚道上滚动，即使对加工装配毫无误差的轴承来说，由于滚动体在不同位置时所受的作用力大小不同和承载的滚动体数目不同，这些结构特点使承载刚度发生变化，引起轴承振动。当轴的转速一定时，这一振动具有确定性，与轴承的工作状态没有关系。

轴承加工装配误差引起的振动主要是指轴承元件在加工时留下的表面波纹度、表面粗糙度及形位误差和装配误差等原因产生交变激振力使轴承振动。虽然这些加工装配因素造成的激振力大都具有周期性的特点，但实际构成因素复杂，各因素之间也不存在特定的关系。总体上讲，这些激振力随机性较强，含有多种频率成分，由此所产生的振动自然也具有较强的随机性并具有多种频率成分。当轴承润滑不良时，会出现非线性特性，产生非线性振动。在加工制造时，在滚道或滚动体上留有加工波纹，当凸起数目达到一定数值时，也会产生特有的振动。

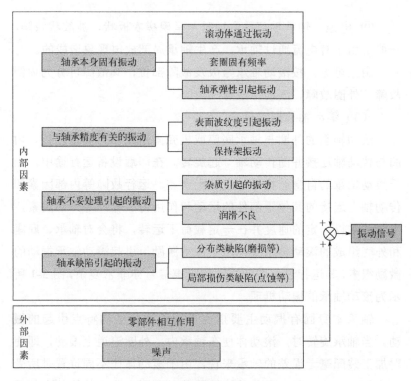

图 3-1　滚动轴承的振动机理

　　滚动轴承在运行过程中出现的故障按其振动信号特征不同分为两大类：磨损类故障和表面损伤类故障。磨损类故障不会马上引起轴承破坏，其危害程度远远小于表面损伤类故障，故在此主要讨论表面损伤类故障。当轴承损伤时，如轴承偏心或内圈点蚀，当损伤点滚过轴承元件表面时要产生突变的冲击脉冲力，该脉冲力是宽带信号，必然覆盖轴承的高频固有振动频率而引起谐振，从而产生冲击振动，这就是损伤类故障引起的振动信号的基本特点。这种冲击振动的成分从性质上可分为两类。①由于轴承元件的工作表面损伤点在运行中反复撞击与之相接触的其他元件表面而产生的低频振动成分，其发生周期是有规律的，可从转速和轴承的几何尺寸求得，且损伤发生在内、外圈和滚动体上时，该频率不同，各不同频率即为内、外圈和滚动体的故障特征频率。该类故障特征频率一般在 1kHz 以下，是滚动轴承故障的重要特征之一。②由于损伤冲击作用而诱发的轴承高频固有振动成分，这种振动十分复杂，如轴承内、外圈的径向弯曲固有振动，滚动体的固有振动，甚至测振传感器的固有振动等均可由于损伤冲击而产生并反映在轴承的振动信号中。

3.1.2　轴承振动信号的分解

　　如本书第 1 章中所述，特征提取是基于振动信号进行状态监测时需解决的关键问题之一。目前，国内外学者研究较多的是将信号分解为多个分量并对各个分量分别计算其某一特征值，以提取原始信号特征。其中信号的分解算法多种多样，已有的信号特征提取方法有傅里叶变换、小波分解等较传统的算法，以及经验模式分解、局部均值分解等较新颖的算法。经验模式分解（empirical mode decomposition，EMD）是自适应的非平稳非线性信号处理方法，十分适合于机械振动信号的处理分析。因此，本书采用 EMD 进行信号的分解。

　　EMD 是 Hilbert-Huang 变换中为了更加准确地计算瞬时频率而提出的一种将多频率成分信号分解为一系列单频率成分信号的分解方法。EMD 具有自适应和高信噪比的特点，十分适合于机械振动信号等非平稳、非线性信号的分析处理。在机械故障诊断中，通过对振动信号的 EMD 分解，可获取各信号分量中包含的丰富的故障特征信息，因此 EMD 在故障特征提取和诊断中应用广泛，已有学者通过基于 EMD 的能量矩、能量熵、Renyi 熵、Shannon熵以及 IMF 矩阵奇异值等特征指标的计算进行了故障特征提取研究。

1）瞬时频率和本征模函数

EMD 中涉及两个核心的基本概念：瞬时频率和本征模函数（intrinsic mode function，IMF），因此有必要对这两个概念进行清楚的论述。

（1）瞬时频率

在传统的傅里叶变换中，频率通过恒幅值的正弦函数和余弦函数对整个信号进行张成来定义。作为这种定义的推广，瞬时频率的定义只能和正弦函数余弦函数联系起来。如此，至少需要一个周期的正弦和余弦波形来定义一个局部频率，比一个整正弦和余弦波形短的频率是无法定义的。而这样一种定义方法对于频率随时间变化的非稳态信号是无意义的。对于任意一个时间序列 $X(t)$，其 Hilbert 变化 $Y(t)$ 定义如下：

$$Y(t) = \frac{P}{\pi} \int_{-\infty}^{+\infty} \frac{X(t)}{t-\tau} d\tau \qquad (3\text{-}1)$$

其中，P 为 Cauchy 主值，一般取 $P=1$。组合 $X(t)$ 和 $Y(t)$ 可得到 $X(t)$ 的解析信号 $Z(t)$：

$$Z(t) = X(T) + iY(t) = a(t)e^{i\varphi(t)} \qquad (3\text{-}2)$$

其中，

$$a(t) = [X^2(t) + Y^2(t)]^{\frac{1}{2}}, \quad \varphi(t) = \arctan\left[\frac{Y(t)}{X(t)}\right] \qquad (3\text{-}3)$$

式（3-3）中，$a(t)$ 是信号 $X(t)$ 的瞬时幅值，反映信号能量随时间的变化；$\varphi(t)$ 是信号 $X(t)$ 的瞬时相位。

由式（3-1）可看出，Hilbert 变换实际上是信号 $X(t)$ 和时间 t 的倒数 $1/t$ 的卷积，因此 Hilbert 变换能够突出信号 $X(t)$ 的局部特征。式（3-2）所示的极坐标形式表示用幅值和相位随时间变化的三角函数对 $X(t)$ 最佳局部拟合，因此这种形式能更好地表示 $X(t)$ 的局部特性。通过 Hilbert 变换，由式（3-2），将瞬时频率定义为

$$\omega(t)=\frac{\mathrm{d}\varphi(t)}{\mathrm{d}t} \tag{3-4}$$

式（3-4）中定义的瞬时频率是时间 t 的单值函数，即在任意时间只能有唯一的频率值，因此是"单频率成分"的。但是由于缺乏"单频率成分"信号的明确定义，为使瞬时频率的概念有意义，便采用了"窄带"的要求来限制信号。但不幸的是，带宽的两种定义均是从全局意义上出发的，都有过多的约束并缺乏精确性，这便导致通过 Hlibert 变换得到有意义的瞬时频率的做法无法实现。而且，对于非稳态、非线性信号，通过滤波来得到窄带信号的方法，其效果也无法令人满意。同时，通过试验可以验证，对于多分量信号，根据定义式（3-4）直接求取的瞬时频率是单个固有成分叠加的结果，仅仅表达了信号的一个全局特性，甚至存在相位混叠和扭曲现象，无法准确表达信号的时频特征。

因此，为了获取非平稳、非线性的多频率成分信号真正的频率时变特征，可利用一种有效的信号分解方法将信号分解为多个瞬时频率有意义的单分量信号。鉴于此，Huang 定义了一类函数，称为本征模函数。基于这类函数的局部特性，使其在任何一点瞬时频率都有意义。

（2）本征模函数

瞬时频率有意义的条件是：函数是对称的，且局部均值为零。针对此，Huang 等提出了 IMF 的概念。每个 IMF 分量必须满足以下两个条件：过零点的数量与极值点的数量相等或至多相差一个；在任一时间点，局部最大值确定的上包络线和局部最小值确定的下包络线的均值为零，即信号关于时间轴局部对称。

第一个条件是很明显的，它与传统的平稳 Gauss 信号的窄带要求类似；第二个条件是新思想，它将全局要求修改为局部要求，这个条件是为了防止由于波形的不对称所形成的瞬时频率的不必要的波动。对于非平稳信号来说，为了计算"局部均值"，涉及一个很难定义的"局部时间尺度"的概念，故用信号极大值包络和极小值包络的平均为零作为代替，使信号的波形局部对称。

IMF 表达了信号的内在波动模式。由 IMF 的定义可知，由过零点所定义的 IMF 的每一个波动周期只有一个波动模式，没有其他复杂的骑波。通过这种定义，一个 IMF 不再约束为一个窄带信号，它可以是频率调制信号，也可以是幅值调制信号，可以是频率和幅值同时调制的信号，也可以是非稳态信号。

一个 IMF 经过 Hilbert 变换后，可得如式（3-2）所示的解析形式，$Z(t)$ 进行傅里叶变换可得：

$$W(\omega) = \int_{-\infty}^{+\infty} a(t) e^{i\varphi(t)} e^{i\omega t} dt = \int_{-\infty}^{+\infty} a(t) e^{i(\varphi(t) - \omega t)} dt \qquad (3-5)$$

根据稳态相位方法，对 $W(\omega)$ 贡献最大的频率将满足如下条件：

$$\frac{d}{dt}[\varphi(t) - \omega t] = 0 \qquad (3-6)$$

可见，式（3-6）与式（3-4）是一致的。

由式（3-6）与式（3-2）、式（3-3）和式（3-4）相比较可知，式（3-6）定义的频率是对信号局部波形的最佳正弦逼近，因此不再需要一个整周期的正弦或余弦函数来定义，这样就可以对波形的每一点定义频率。从这种意义上说，即使一个单调函数可看作一个振荡函数的一部分，也具有由式（3-4）定义的瞬时频率。

对于每一个 IMF，其瞬时频率可由其解析信号相位求导获取，但实际机械振动信号大多数都不是 IMF，为了能把一般信号分解成 IMF，获得有意义的瞬时频率，以准确描述信号的物理结构，Huang 等提出了 EMD 方法。

2）EMD 的基本原理和算法

为了使瞬时频率的定义在实际中得以应用，有必要把信号分解为一系列的本征模函数，而 EMD 方法可以按要求完成信号的分解。

EMD 方法从本质上讲是对一个信号进行平稳化处理，其结果是将信号中不同尺度的波动和趋势逐渐分解成一系列具有不同特征尺度的 IMF。经 EMD 分解后的各 IMF 分量实质上就是信号中的固有谐波成分，每个 IMF 都是平稳的。EMD 方法能够处理非平稳、非线性数据，具有直观、直接、后验的特点。同时，因为 EMD 算法是通过数据自身的特征时间尺度来获得分解所用的基函数，即其基函数由信号本身分解得到，故其是自适应的。因此，EMD 方法十分适合于机械振动信号等非平稳、非线性信号的分析处理。

EMD 方法建立在以下的假设基础之上：

① 信号至少有两个极值点，一个极大值和一个极小值；

② 特征时间尺度通过两个极值点之间的时间长度定义；

③ 若信号数据缺乏极值点，但存在变形点，则可通过数据微分一次或几次获得极值点，然后再通过积分来获得分解结果。

EMD 方法的本质是通过数据的特征时间尺度来获得固有波动模式，然后分解数据。考虑到对波动模式的高分辨率以及非零均值信号（如无过零点，全部数据点均为正或均为负）的应用，采取依次出现的极值点间的时间作为固有波动模式的时间尺度。EMD 通过如下"筛选"过程来获得各 IMF 分量。

步骤 1：设原始信号为 $x(t)$，找出其所有局部极值点，将所有的局部极大值点和局部极小值点分别用三次样条曲线连接起来，得到 $x(t)$ 的上、下包络线。

步骤 2：记上、下包络线局部均值组成的序列为 m_1，令

$$h_1(t) = x(t) - m_1 \tag{3-7}$$

步骤 3：判断 $h_1(t)$ 是否满足上述 IMF 分量所需的两个条件，若不满足，则将其作为待处理信号，继续进行步骤 1、步骤 2 两步，即

$$h_2(t) = h_1(t) - m_2 \tag{3-8}$$

如此重复 k 次，

$$h_k(t) = h_{k-1}(t) - m_k \tag{3-9}$$

直至 $h_k(t)$ 满足 IMF 分量的两个条件。记 $h_k(t)$ 为

$$c_1(t) = h_k(t) \qquad (3-10)$$

得到第一个 IMF 分量 $c_1(t)$。使用时，为使上述迭代过程终止，常选用相邻两个结果的标准差（standard deviation，SD）小于某一个值作为停止准则，SD 定义为

$$SD = \sum_{t=0}^{T} \frac{\left|h_{k-1}(t) - h_k(t)\right|^2}{h_k^2(t)} \qquad (3-11)$$

式中，T 为信号长度。

步骤 4：将 IMF 分量从原始信号中分离出来，得

$$r_1(t) = x(t) - c_1(t) \qquad (3-12)$$

步骤 5：将 $r_1(t)$ 作为新的原始信号，重复步骤 1 至步骤 4，可得到

$$\begin{cases} r_2(t) = r_1(t) - c_2(t) \\ r_3(t) = r_2(t) - c_3(t) \\ \vdots \\ r_n(t) = r_{n-1}(t) - c_n(t) \end{cases} \qquad (3-13)$$

当 IMF 分量 $c_n(t)$ 小于某一阈值或 $r_n(t)$ 变为单调函数时，停止分解过程，本书采用后者作为终止条件。

步骤 6：将式（3-12）和式（3-13）相加，得

$$x(t) = \sum_{i=1}^{n} c_i(t) + r_n(t) \qquad (3-14)$$

式中，$r_n(t)$ 为分解的残余量，表示信号的平均趋势。

通过以上"筛选"过程，原始信号 $x(t)$ 最终可分解为 n 个平稳的 IMF 分量 $c_i(t)$，$i=1, 2, \cdots, n$ 和一个残余量 $r_n(t)$ 的线性和，且各 IMF 分量的频率成分从大到小排列，$c_1(t)$ 的频率最高，$c_n(t)$ 的频率最低，表明各个 IMF 分量被分解到不同的频段，这有利于信号特征的提取。图 3-2 所示为一个复杂振动信号经 EMD 分解后的各 IMF 分量和残余分量。

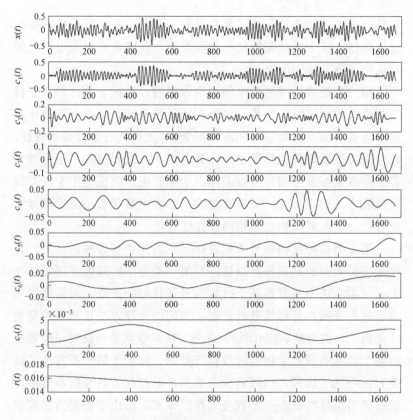

图 3-2 某复杂振动信号及其 IMF

　　每个 IMF 代表的是原始信号中不同的时间-尺度特征成分，而残余信号代表的是原始数据中的趋势量信息。通常情况下，基于 EMD 方法得到的前几个 IMF 往往集中了原信号 $x(t)$ 中最显著、最重要的信息，这是由 IMF 分量的本性所决定的。

3.1.3　状态特征提取

　　如前所述，对象状态特征的提取是进行状态监测和评估的首要步骤。在经由 EMD 获得复杂振动信号的各分量后，便可基于各信号分量进行状态特征的计算和提取。目前，基于所采集的振动信号数据，在一般状态特征的提取方面，较成熟的且应用广泛的方法可大致总结为两类。

第一类是直接对采集来的振动数据进行时域上的计算，获得某些直接的时域特征参数，也称为特征参数法。这类方法的优点是不需要对振动信号进行任何时频变换，无须关心信号频域特征，且时域特征参数的计算简单，计算负担小，效率较高。但是时域特征参数能够表征的信号状态信息十分有限，而正是由于这类特征提取方法的直接性，导致其忽略了包含丰富状态信息的信号频域特征，因此其准确性和精确性往往较低。

第二类是对振动信号数据进行一定的变换和分解后，再计算经变换后数据的某些特征指标。与第一类方法的最大不同之处在于，这类方法不是直接基于时域信号计算特征参数，而需要先对信号进行变换和分解等分析处理，常用的处理方法包括短时傅里叶变换、小波分解、EMD 等。此外，在获取状态特征时，最多采用基于能量的或基于熵的时域特征指标。相较于第一类方法，这类方法考虑了信号在频域的状态信息，通过信号的变换和分解，使得信号频域特征在一定程度上得以体现。但由于该类方法需要对信号进行分析处理，计算量较大，尤其在信号数据规模较大时计算效率严重下降。

以上两类方法中，第一类方法比较传统，已有几十年的研究历史，但随着现代机械工业的发展，信号复杂性的增加，第一类方法已经无法满足现代信号分析处理需求，因此近年来的多数研究集中在第二类方法上，且随着计算机技术的发展，信号变换和分解在计算效率方面的限制性越来越小，第二类方法的工程应用也日益广泛。但无论是传统的方法还是现代的方法，其本质是计算获得状态特征参数和指标。如上所述，从已有研究来看，常用的特征参数除了直接的时域指标之外，还有基于能量和熵的特征指标。

设采集到原始的离散信号为 $x=\{x_i\}$，$i=1$，2，…，N。N 为样本点个数，以下分别对直接的时域特征指标以及基于能量和熵的时域特征指标的各个指标值的计算和意义进行简要介绍。

（1）直接的时域特征指标

① 有效值，又称均方根（root mean square，RMS）值，是振动振幅的均方根值，定义如下：

$$RMS = \sqrt{\frac{1}{N}\sum_{i=1}^{N}(x_i - \overline{x})^2}\qquad(3\text{-}15)$$

其中，$\overline{x}$ 为所有样本点的均值。有效值指标随着故障的发展而单调增加，是可以反映振动强度和能量的参数，对由于表面粗糙等非正常轴承，有效值会显著增大，因此对磨损类故障比较敏感，但无法用于监测表面剥落或伤痕等具有瞬变冲击振动的异常。

② 峰值（Peak），反映某时刻振动的最大值，是信号中最大幅值和负最大幅值之差，定义如下：

$$Peak = \frac{1}{2}[\max(x_i) - \min(x_i)]\qquad(3\text{-}16)$$

③ 峰值因子（Crest factor），峰值与有效值之比，也称裕度因子，定义如下：

$$Crest\ factor = \frac{Peak}{RMS}\qquad(3\text{-}17)$$

峰值指标反映了信号的强度，适用于表面点蚀和损伤之类的具有瞬时冲击的状态监测，并能反映故障变化趋势，其在滚动体对保持架的冲击及突发性外界干扰等原因引起的瞬时振动比较敏感。

④ 方根幅值 x_R，定义如下：

$$x_R = \left[\frac{1}{N}\sum_{i=1}^{N}\sqrt{|x_i|}\right]^2\qquad(3\text{-}18)$$

⑤ 绝对平均值 $|\overline{x}|$，定义如下：

$$|\overline{x}| = \frac{1}{N}\sum_{i=1}^{N}|x_i|\qquad(3\text{-}19)$$

⑥ 偏度（Skewness），衡量信号概率分布的不对称性，是信号的 3 阶中心距，定义如下：

$$Skewness = \frac{1}{N}\sum_{i=1}^{N}(x_i - \bar{x})^3 \qquad (3\text{-}20)$$

⑦ 偏度因子（Skewness factor），与偏度相关的无量纲指标，定义如下：

$$Skewness\ factor = \frac{\frac{1}{N}\sum_{i=1}^{N}(x_i - \bar{x})^3}{RMS^3} \qquad (3\text{-}21)$$

⑧ 峭度（Kurtosis），反映信号分布特性，是归一化的 4 阶中心矩，定义如下：

$$Kurtosis = \frac{1}{N}\sum_{i=1}^{N}(x_i - \bar{x})^4 \qquad (3\text{-}22)$$

⑨ 峭度因子（Kurtosis factor），与峭度相关的无量纲指标，定义如下：

$$Kurtosis\ factor = \frac{\frac{1}{N}\sum_{i=1}^{N}(x_i - \bar{x})^4}{RMS^4} \qquad (3\text{-}23)$$

式（3-22）和式（3-23）中的峭度指标用于反映振动信号振幅的规则性，当由于故障等原因导致振幅规律破坏，峭度指标值将增大，其对冲击信号特别敏感，特别适用于表面损伤类故障，尤其是早期故障的诊断。

⑩ 波形因子（Shape factor），均方根值和整流平均值的比值，定义如下：

$$Shape\ factor = \frac{RMS}{\frac{1}{N}\sum_{i=1}^{N}|x_i|} \qquad (3\text{-}24)$$

⑪ 脉冲因子（Impulse factor），峰值与均值的绝对值之比，定义如下：

$$Impulse\ factor = \frac{Peak}{|\bar{x}|} \qquad (3\text{-}25)$$

⑫ K 因子（K factor），峰值和有效值的乘积，定义如下：

$$K\ factor = Peak \times RMS \tag{3-26}$$

（2）基于能量和熵的特征指标

除以上直接的时域状态特征参数外，近年来，越来越多的学者关注于基于能量和熵的特征指标。

① 能量（Energy），是信号幅值绝对值的平方和，定义如下：

$$Energy = \sum_{i=1}^{N}|x_i|^2 \tag{3-27}$$

能量这一指标应用十分广泛。设备发生故障时常常伴随着较剧烈的振动，即比正常运行时振动信号的幅值要大，信号的能量也大，故可由此判断运行状态是否正常。实际上，上述提到的有效值、方根幅值、绝对平均值等一般的时域状态特征参数均与此能量指标具有相同的本质含义，均是通过考察振动信号的幅值大小而提出的指标。

② 能量矩（Energy moment），定义如下：

$$Energy\ moment = \sum_{i=1}^{N}(i\Delta t)|x_i|^2 \tag{3-28}$$

其中，Δt 为采样周期。这一指标是在能量指标的基础上提出的改进型指标，其不仅考虑到振动信号幅值的大小即能量大小，还将信号幅值的分布情况考虑在内，因此可以更好地揭示能量的分布特征。

③ Shanon 熵（Shanon entropy），用于衡量变量的确定性，定义如下：

$$Shanon\ entropy = -\sum_{i=1}^{N}p(x_i)\log p(x_i) \tag{3-29}$$

其中，$p(x_i)$ 为 $x=x_i$ 的概率，有 $\sum_{i=1}^{N}p(x_i)=0$。Shanon 熵是最常用的定量描述变量包含信息量多少的指标，主要用于表征信号不确定性的大小，而非正常状态下的信号相较于正常状态下的信号，往往具有更加明显的不确定性。

④ Renyi 熵（Renyi entropy）

$$Renyi\ entropy = \frac{1}{1-a}\sum_{i=1}^{N}\log\left[p(x_i)^a\right] \qquad （3-30）$$

其中，a 为 Renyi 熵的阶数，当 $a=1$ 时，$Renyi\ entropy = Shanon\ entropy$。Renyi 熵与 Shannon 熵一样，也是定量描述信号信息的一种方法，可以反映出信号的信息量和复杂度。对象的不同运行状态表征着其存在不同的内在模式复杂性，当对象运行在不正常状态或发生故障时，其信号的不确定性和复杂性将增大，Renyi 熵也随之增大。

⑤ 能量熵（Energy entropy），一般用于将原始信号分解为多个分量后使用，设 x 被分解为 D_1，D_2，$\cdots$，D_M 共 M 个分量，每个分量依然有 N 个样本，即 $D_j=\{x_{D1}, x_{D2}, \cdots, x_{Dj}\}$，$j=1, 2, \cdots, N$。则能量熵定义如下：

$$Energy\ entropy = -\sum_{j=1}^{M}p_j\log p_j = -\sum_{j=1}^{M}\frac{E_j}{E_A}\log\left(\frac{E_j}{E_A}\right) \qquad （3-31）$$

其中，p_j 为第 j 个分量 D_j 的能量占原信号总能量的比值；E_j 为第 j 个分量信号 D_j 的能量，$E_j = \sum_{i=1}^{N}\left|D_j\right|^2$；$E_A$ 为所有分量信号的总能量，即 $E_A = \sum_{j=1}^{M}E_j$。

该指标是在能量指标和 Shanon 熵指标的基础上提出的，其融合了能量指标体现的信号幅值信息和 Shanon 熵指标所体现的信号随机性的信息，是一个综合性相对较强的指标。

（3）状态特征提取步骤

如第 2 章中所述，基于区域估计的状态辨识大致分为两个主要阶段：第一阶段是状态特征提取阶段，即主要完成正常及故障状态下振动信号的变换和分解，并计算分解后各个分量的状态特指标，获得状态特征向量；第二阶段是区域边界划分阶段，即依据获得的正常及故障状态下的特征向量，利用分类器完成正常及故障特征点的分类，获取最佳分类面，即区域边界。

在此，基于上述的振动信号分解和各种状态特征指标计算方式，对本节中采用的状态特征提取方法的步骤进行总结和整理，具体步骤如图 3-3 所示。

步骤 1：采集研究对象在正常状态和故障状态下的振动信号数据。如进行正常状态、滚动体故障状态、内圈故障状态、外圈故障状态四种状态的辨识，则须分别采集四种状态下的振动数据。

步骤 2：将步骤 1 中离线采集的各状态下的振动数据进行分段，分段间隔的选择可依据在线应用时的数据采集频率和现场条件综合考虑确定。

步骤 3：对分段后的每段数据进行分解（本书采用 EMD 分解方法），得到每段数据对应的分解后的各个分量。

步骤 4：为保证每个状态特征向量的维数相同，计算各段经分解后所得分量个数的最小值（即，寻找经分解后所得分量个数最少的段），记录此最小分量个数为状态特征向量维数，此维数即为运行状态相关变量空间的维度（如某状态下的振动数据被分为 5 段，第 1、2、3、4、5 段分别被分解为 6、7、8、6、5 个分量，分量个数最小值为 5，则将每段分解后的各分量仅取其前 5 个用于后续计算，舍弃其余分量）。

步骤 5：选择 3.1.3 节中所述的某个特征指标，计算每段信号分解所得的各个分量的指标值，获得各段数据的状态特征向量（此向量的维数等于步骤 4 中的各段数据分量个数最小值），此向量对应于运行状态相关变量在多维空间中的状态点。

步骤 6：按步骤 1 中各状态下对所获得的状态特征向量进行标记，即正常状态数据经分解计算获得的向量（状态点）标记为"正常"，故障状态数据经分解计算获得的向量（状态点）标记为"异常"，若进行如步骤 1 所述的多种故障状态辨识，则需将故障状态数据所获得的状态点分别标记为"滚动体故障""内圈故障"

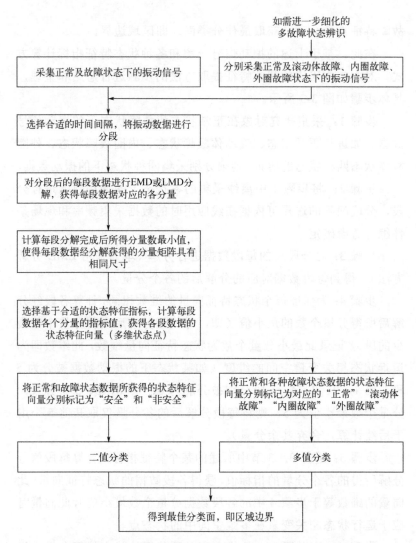

图 3-3　基于振动信号分解的状态特征提取步骤

"外圈故障"。

在完成状态点的标记后，可利用分类器进行状态点分类以获得分类面，即不同区域之间的边界，进而完成区域估计和状态辨识。

3.2　基于支持向量机的区域估计

在本书第 2 章提出的基于动态数据驱动的正常域估计方法中，核心是对海量、非线性复杂数据进行分类得到最佳分类面以估计正常域边界。支持向量机（support vector machine，SVM）在解决数据分类、模式识别等问题中表现优异。

SVM 是由 Vapnik 与其领导的贝尔实验室研究小组 1995 年提出，是一种创造性的出色的机器学习技术，受到了广泛关注，已经成为机器学习和数据挖掘领域的标准工具之一。SVM 是在基于有限样本统计学习理论（statistical learning theory，SLT）和结构风险最小化（structure risk minimization，SRM）原则上发展而成的，SRM 比传统的经验风险最小化原则更优越，这使 SVM 具有更强的泛化能力。由于 SVM 有严格的理论和数学基础，不存在局部极小的问题，具有很强的泛化能力，能够较好地解决小样本、非线性、高维空间等机器学习中的难点问题，因此其广泛应用于模式识别、系统辨识和控制理论等领域。

SVM 的理论基础和分类原理已较成熟，在此不再赘述，如有需要可参考笔者的相关发表物。本节仅简要叙述本书中用到的二值分类 SVM 和多值分类 SVM，并基于二值和多值 SVM 进行区域估计和状态辨识的试验。

3.2.1　SVM 分类器构造

（1）二值分类

鉴于标准 SVM 存在一些诸如学习复杂度高、大规模数据样本时二次规划问题求解复杂等问题，因此本书采用最小二乘支持向量机（least squares support vector machine，LSSVM）作为二值分类的分类器。

LSSVM 由 Suykens 等人提出，其将 SVM 和最小二乘法结合，利用最小二乘法求解 SVM 中将非线性数据映射到高维特征空间的最优超平面方程，以提取数据中蕴含的信息，完成非线性数据的分类。LSSVM 在 SVM 的基础上进行了扩展和改进，将 SVM 中的不等式约束替代为等式约束，且将误差平方和损失函数作为训练集的经验损失，从而将 SVM 中的二次规划问题转化为线性方程组求解，在保证精度的前提下大幅降低了计算复杂性。

（2）多值分类

SVM 方法最初是为二分类问题设计的，但针对本书提出的滚动轴承四种常见故障的多值分类问题，需在二分类 SVM 的基础上构造多分类 SVM。在处理多分类问题时，需要在标准 SVM 的基础上构造合适的多类分类器。目前，构造 SVM 多类分类器的方法主要有两类，以下分别进行简要介绍。

第一类是直接法，直接在目标函数上进行修改，将多个分类面的参数求解合并到一个最优化问题中，通过求解该最优化问题"一次性"实现多类分类，因此这类方法也被称为"一次性求解的方法"，如 Weston 等人提出的基于二次规划多分类算法和基于线性规划多分类算法。但是这种方法看似简单，其目标函数复杂，计算复杂度比较高，因此实现上比较困难，只适用于小型问题。

第二类是间接法，通过将多分类问题转化为多个二分类问题来求解，即通过组合多个二分类器来实现多分类器的构造，常见的方法有一对一、一对多和决策导向无环图等方法，但前两种方法受样本分布不均的影响较大，存在误分、拒分现象，因此本书选用决策导向无环图 SVM（directed acyclic graph SVM，DAGSVM）作为多值分类的分类器。

对于一个有 M 类的数据样本分类问题，DAGSVM 需要构造每两类间的分类面，即 $M(M-1)/2$ 个二分类的子分类器，并将所有子分类器构成一个两向有向无环图，包括 $M(M-1)/2$ 个节点和 M 个叶。其中每个节点为一个子分类器，并与下一层的两个节点（或叶）相连，其中自上向下，第 i 层将有 i 个节点，即顶层有一个节点，第 M 层有 M 个节点。当对一个未知样本进行分类时，首先从顶部的根节点（包含两类）开始，据根节点的分类结果用下一层的左节点或右节点继续分类，直到达到底层某个叶为止，该叶所表示类别即为未知样本的类别。以类别数等于 4 时为例，图 3-4 为 DAGSVM 基本原理图。

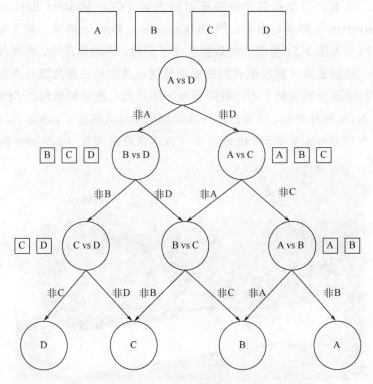

图 3-4　DAGSVM 基本原理图（类别数=4）

DAGSVM 方法的优点是泛化误差与输入空间的维数无关，仅取决于类别数和节点上的类间隔，因此在满足一定程度的分类精度时其计算效率较高，因此本书中解决多分类问题时采用 DAGSVM 方法。

3.2.2 基于 SVM 区域估计的状态辨识试验及分析

1）试验准备

（1）数据集介绍

本节的振动数据是由凯斯西储大学（Case Western Reserve University）轴承数据中心的 Dr. Kenneth A. Loparo 提供，其实验台照片见图 3-5。整套实验数据包含了正常、滚动体故障、内圈故障、外圈故障 4 种轴承状态的振动数据，其中后三种故障状态的数据中还分别包括了不同故障程度下的数据。故障轴承包括 SFK 和 NTN 两种类型，轴承的各种故障均采用电火花加工，故障直径从 0.1778mm 至 0.5334mm 不等，故障深度从深度 0.2794mm 到

图 3-5 轴承故障诊断实验台

1.270mm 不等。驱动电机采用 2hp❶ 的 Reliance 电机，电机负载 0~3hp（电机转速 1797~1720r/min）。传感器安装在驱动端和负载端的 12 点位置，并考虑到外圈故障是静止故障，因此外圈故障数据采集时还在 3 点、6 点位置分布加装了传感器。采用 16 通道数据采集设备，采样频率有 12kHz 和 48kHz 两种，采用时间 10s，所采集数据均保存为.mat 格式。本试验所用的振动数据来自 205-2RS JEM SKF 型的深沟球轴承，电机负载 3hp，电机转速约 1730r/min（约 28.8r/s）。

（2）试验分组

为方便比较验证本节提出方法的有效性，也为选择更灵敏的状态特征指标，本节均采用故障部位直径均为 0.1778mm、深度为 0.2794mm 的轻微故障时数据，按不同的分类数、采样频率、采集位置进行如下多组试验。

Group 3.1 正常和故障状态的二值分类区域估计：

Test 3.1.1 采样频率 12kHz，负载端数据，LSSVM 二值分类；

Test 3.1.2 采样频率 48kHz，驱动端数据，LSSVM 二值分类。

Group 3.2 正常和滚动体故障、内圈故障、外圈故障的多值分类区域估计：

Test 3.2.1 采样频率 12kHz，负载端数据，DAGSVM 多值分类；

Test 3.2.2 采样频率 48kHz，驱动端数据，DAGSVM 多值分类。

（3）参数确定

根据 3.1 节中的方法流程，试验中所涉及的算法参数主要包括以下几个。

① 振动数据分段间隔　将轴承每转一圈所采集的数据点分为一段，依据轴承转速、采样频率、采样时间确定分段间隔，采样时间内轴承共旋转约 288 转，即振动数据被分为 288 段，采样

---

❶ hp 是功率单位，1hp=735W。

频率为 12kHz 时，每段数据包含约 416 个数据点；采样频率为 48kHz 时，每段数据包含约 1663 个数据点。

② 状态特征提取中的特征指标　选择 RMS、能量、Shanon 熵、能量矩 4 个指标进行仿真试验（本书综合考虑 3.2.3 节中各个指标，在众多直接的时域特征中选择最常用的，且十分具有代表性的 RMS 特征参数，在基于能量和熵的 5 个特征指标中，因能量熵是单阈值指标，而 Renyi 熵与 Shanon 熵本质类似，故选择能量、Shanon 熵、能量矩 3 个特征参数）。

③ LSSVM 核函数　高斯径向基核函数，其中，径向基函数宽度 $\sigma = 0.5$。

④ 所有输入分类器的数据均按 6∶4 的比例分为训练数据和测试数据。

（4）评价指标

为较全面地评价本书提出的正常域估计方法的性能，共采用了检出率、误报率、分类正确率、Fleiss Kappa 统计量 4 个评价指标，分别如下：

① 检出率（detection rate，DR）　DR 用于衡量某一类样本的分类准确性，表示一类样本中被正确检出的样本个数与该类样本总个数的比值，计算如式（3-32）所示。

$$DR = \frac{某类中被检出为该类的样本个数}{实际的该类的样本个数} \tag{3-32}$$

② 误报率（false alarm rate，FAR）　FAR 用于衡量某一类样本的错误分类程度，表示被错误地认定为某一类的样本个数与所有非该类样本个数的比值，计算如式（3-33）所示。

$$FAR = \frac{非该类样本中被检出为该类的样本个数}{实际的非该类的样本个数} \tag{3-33}$$

③ 分类正确率（classification rate，CR）　CR 用于衡量所有类别样本的分类准确程度，表示所有被正确分类的样本个数与总

样本个数的比值，计算如式（3-34）所示。

$$CR = \frac{\text{所有被正确分类的样本个数}}{\text{样本总个数}} \quad (3\text{-}34)$$

④ Fleiss Kappa 统计量（FK） FK 用于定量评价状态辨识目标和分类器输出间的一致性。Fleiss Kappa 统计量是属性值测量系统中对定类数据进行一致性分析的常用指标，具体计算方法可参考文献[65]，当其值大于 0.8 时，可认为两组分类数据几乎完全吻合。

在以上 4 个指标中，*DR* 和 *FAR* 是针对某一类数据样本的指标，*CR* 和 *FK* 是针对所有数据样本的指标。*DR* 越接近于 1 且 *FAR* 越接近于 0 时，表示这一类样本的识别准确性越高，*CR* 越接近于 1 表示全部样本的识别准确性越高，*FK* 值越接近于 1 表明两组分类数据的一致性越好。

此外，需要说明的是，在结果分析中的各评价指标值均为测试数据的指标值。

2）结果分析

因本节试验的结果涉及状态特征指标的选择，因此试验数据覆盖面较广、试验分组较多，且在下述的结果分析中，对各个评价指标的分析也十分详细。

（1）正常和故障 SVM 二值分类结果

Test 3.1.1 的 12kHz 负载端数据的试验结果见表 3-1。

表 3-1 12kHz 负载端数据的正常和故障两状态的数据分类结果

项目	RMS	能量	Shanon 熵	能量矩
DR 正常	0.8362	0.9396	0.9083	0.9492
FAR 正常	0.0461	0.0657	0.0306	0.0629
DR 故障	0.9539	0.9343	0.9694	0.9371
FAR 故障	0.1638	0.0604	0.0917	0.0508
CR	0.9292	0.9387	0.9471	0.9453
FK	0.8644	0.8765	0.8860	0.8791

由表 3-1 可见，Shanon 熵的分类正确率最高，为 0.9471，对应的 *FK* 值为 0.8860；基于能量矩特征的分类正确率次之，为 0.9453，其 *FK* 值为 0.8791；再次为基于能量特征的分类，分类正确率为 0.9387，*FK* 值为 0.8765；性能最差的是基于 RMS 特征的分类，其分类正确率为 0.9292，对应的 *FK* 值为 0.8644。可见，基于 Shanon 熵的特征提取方法性能最好，RMS 特征提取方法的性能最差。

分别从"正常"和"故障"两类的检出率和误报率来看：基于 RMS 和 Shanon 熵特征的分类结果显示其正常状态检出率小于故障状态检出率，分别为 0.8362 和 0.9539 以及 0.9083 和 0.9694，且差距较大，尤其是基于 RMS 特征的两者相差 0.1213；而基于能量和能量矩特征的分类结果显示其正常状态检出率与故障状态检出率相近，分别为 0.9396 和 0.9343 以及 0.9492 和 0.9371。对这一结果进行分析，导致基于 RMS 和 Shanon 熵特征的正常状态检出率与故障状态检出率相差较大的原因极有可能是"正常"与"故障"两种状态点的个数相差较大（由于"故障"状态点包含滚动体故障、内圈故障、外圈故障三个数据集，故"故障"状态点个数远大于"正常"状态点个数），即两类样本个数不均衡所致。但这一情况并未对基于能量和能量矩特征的分类结果产生显著影响，说明基于能量和能量矩的特征提取方法能够更好地配合 LSSVM 的分类，保障均衡的分类精度。

在各个指标的绝对数值上，4 种特征所获得的分类效果相差不大，分类正确率的最大值和最小值之差仅为 0.0161，*FK* 值的最大值和最小值之差仅为 0.0216，说明 4 种特征的分类性能相近。但其中 RMS 的性能较另外三种特征提取方法的性能差异较为明显，故障状态点的误报率 *FAR* 故障明显大于其他三种的。

Test 3.1.3 和 Test 3.1.4 的 48kHz 驱动端数据的试验结果见表 3-2。

表 3-2　48kHz 驱动端数据的正常和故障两状态的数据分类结果

项目	RMS	能量	Shanon 熵	能量矩
$DR_{正常}$	0.8499	0.8638	0.8869	0.9341
$FAR_{正常}$	0.0459	0.0399	0.0657	0.0457
$DR_{故障}$	0.9541	0.9601	0.9343	0.9543
$FAR_{故障}$	0.1501	0.1362	0.1131	0.0659
CR	0.9291	0.9385	0.9289	0.9442
FK	0.8765	0.8808	0.8694	0.8912

由表 3-2 可见，能量矩的分类正确率最高，为 0.9442，对应的 FK 值为 0.8912；基于能量特征的分类正确率次之，为 0.9385，其 FK 值为 0.8808；再次为基于 Shanon 熵特征的分类，分类正确率为 0.9289，FK 值为 0.8694；性能最差的是基于 RMS 特征的分类，其分类正确率为 0.9291，对应的 FK 值为 0.8765。可见，基于能量矩的特征提取方法性能最好，RMS 特征提取方法的性能最差。

分别从"正常"和"故障"两类的检出率和误报率来看：基于 RMS、能量、Shanon 熵特征的分类结果显示其正常状态检出率小于故障状态检出率，分别为 0.8499 和 0.9541、0.8638 和 0.9601、0.8869 和 0.9343，且差距较大，尤其是基于 RMS 特征的两者相差 0.1042；而基于能量矩特征的分类结果显示其正常状态检出率与故障状态检出率相近，分别为 0.9341 和 0.9543。这一结果显示了基于能量矩的特征提取方法相较于其他三种方法在克服类别数据不均衡问题上的强大能力。

此外，为更加形象地展示所获得的最佳分类面，即正常域和异常域的边界，以下示例性地给出正常域的曲面，如图 3-6 所示。需说明的是，在 Group 1 的 Test 3.1.1 和 Test 3.1.2 两个试验中，所获得的边界均为高维曲面（大于 3 维），其中 Test 3.1.1 中为 6 维，Test 3.1.2 中为 7 维。由于大于 3 维的曲面无法直接可视，故在此对高于 3 维的变量取一固定值，进而给出 3 维曲面。图 3-6 给出的 Test 3.1.2 基于能量矩特征的正常域边界，其中第 4~7 维变量取固定值为 0。

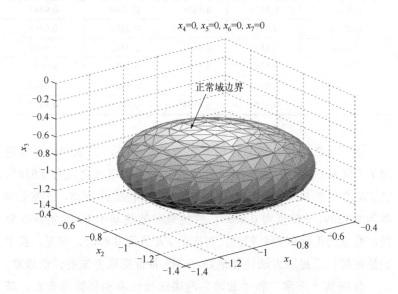

图 3-6　Test 3.1.2 基于能量矩特征的正常域边界

（2）正常及滚动体故障、内圈故障、外圈故障的多值分类结果

Test 3.2.1 的实验结果如表 3-3 所示。由表 3-3 可见，在各个二分类的子分类器中：正常与其他三种故障的三个子分类器的分类效果较好，无论是哪种特征提取方法，CR 值基本能够达到 0.9，FK 值也均接近于 0.9；子分类器中效果最差的是"滚动体故障 VS 外圈故障"子分类器，CR 值均未达到 0.8，而 FK 值徘徊在 0.6 左右，基于 Shanon 熵特征的 CR 值仅为 0.7224，FK 值仅为 0.5108；"滚动体故障 VS 内圈故障"和"内圈故障 VS 外圈故障"两个子分类器的性能指标虽略好于"滚动体故障 VS 外圈故障"子分类器，但分类效果不能令人满意，其中"滚动体故障 VS 内圈故障"子分类器的效果略好于"内圈故障 VS 外圈故障"子分类器，前者

的 4 个 *CR* 值稍大于 0.8，但其基于 RMS 和 Shanon 熵特征的两个
的 *FK* 值未达 0.8，后者的 4 个 *CR* 值稍低于前者，且所有 4 个 *FK*
值未达 0.8。

　　横向对比表 3-3 中基于各特征的分类效果，可见基于能量和
能量矩特征的子分类器性能的 *CR* 值和 *FK* 值优于基于 RMS 和
Shanon 熵特征的子分类器，其中基于能量特征的各子分类性能指
标最优。以"正常 VS 外圈故障"子分类器为例，基于能量特征
的 *CR* 和 *FK* 值分别为 0.9260 和 0.9220，而基于 Shanon 熵特征的
CR 和 *FK* 值仅为 0.9140 和 0.8981，在效果最差的子分类器"滚动
体故障 VS 外圈故障"的结果中，基于能量特征的 *CR* 和 *FK* 值分
别为 0.7783 和 0.6237，而基于 Shanon 熵特征的 *CR* 和 *FK* 值仅为
0.7224 和 0.5108。

表 3-3　Test 3.2.1 中 DAGSVM 的各子分类器的分类结果

项目		RMS	能量	Shanon 熵	能量矩
正常 VS 外圈故障	*CR*	0.9180	0.9260	0.9140	0.9180
	FK	0.9060	0.9220	0.8981	0.9060
滚动体故障 VS 外圈故障	*CR*	0.7504	0.7783	0.7224	0.7743
	FK	0.5669	0.6237	0.5108	0.6127
内圈故障 VS 外圈故障	*CR*	0.8103	0.8342	0.8422	0.8103
	FK	0.6877	0.7365	0.7541	0.6873
正常 VS 滚动体故障	*CR*	0.8939	0.9100	0.9100	0.9140
	FK	0.8577	0.8899	0.8899	0.8979
正常 VS 内圈故障	*CR*	0.9140	0.9300	0.9180	0.9140
	FK	0.8979	0.9118	0.9059	0.8979
滚动体故障 VS 内圈故障	*CR*	0.8218	0.8779	0.8458	0.8739
	FK	0.7114	0.8258	0.7609	0.8177

　　Test 3.2.1 的正常、滚动体故障、内圈故障、外圈故障 4 种状
态辨识的综合结果如表 3-4 所示。首先关注 4 种状态的检出率和

误报率指标。由表 3-4 可见，无论是哪种特征提取方法，"正常"状态的 DR 值均为 4 种状态中最高的，4 个不同特征的 DR 值中最高的为 0.9200，最低的 0.8890。之后依次为"内圈故障"和"滚动体故障"，而"外圈故障"状态的 DR 值最低，4 个不同特征的 DR 值中最高的为 0.7767，最低的 0.7289，均低于 0.8。这说明"外圈故障"的样本点中被分到其他类中的样本点个数最多。从 FAR 指标值看，4 种状态中，"滚动体故障" FAR 值最大，无论是哪种特征提取方法，其 FAR 值均大于 0.1。其次是"内圈故障"，其 4 个 FAR 值中仅有 1 个为 0.0983，低于 0.1。之后依次为"外圈故障"和"正常"，FAR 值最低的是"正常"，这说明其他状态的样本点被误分到"滚动体故障"和"内圈故障"两种状态的个数最多。然后关注 4 种状态的整体性能指标 CR 和 FK 值。可见，基于 4 种不同特征的分类结果中，CR 值最大的为 0.8517，最小的为 0.8385，FK 值最大的为 0.8322，最小的为 0.8113，整体分类准确率均未超过 0.9。

横向对比表 3-4 中基于不同特征的分类效果，可见基于能量特征所获得的 CR 值最高，FK 值亦最高，其次是基于能量矩特征的，其 CR 和 FK 值分别为 0.8497 和 0.8261，再次分别为基于 RMS 特征的和基于 Shanon 熵特征的，其中基于 Shanon 熵特征的分类效果最差。

表 3-4 Test 3.2.1 的正常、滚动体故障、内圈故障、外圈故障 4 种状态辨识的综合结果

项目	RMS	能量	Shanon 熵	能量矩
$DR_{正常}$	0.8924	0.9200	0.8890	0.9200
$FAR_{正常}$	0.0800	0.0846	0.0850	0.0914
$DR_{滚动体故障}$	0.8203	0.8581	0.8616	0.8925
$FAR_{滚动体故障}$	0.1109	0.1189	0.1497	0.1349
$DR_{内圈故障}$	0.8960	0.8926	0.8481	0.8858

续表

项目	RMS	能量	Shanon 熵	能量矩
FAR 内圈故障	0.1281	0.1040	0.0983	0.1155
DR 外圈故障	0.7357	0.7767	0.7562	0.7289
FAR 外圈故障	0.0926	0.0903	0.1006	0.0834
CR	0.8428	0.8517	0.8385	0.8497
FK	0.8170	0.8322	0.8113	0.8261

　　为更加形象地展示基于各种特征提取方法的分类效果，图 3-7~图 3-10 分别给出了 Test 3.2.1 中基于 RMS、能量、Shanon 熵、能量矩 4 种特征的多状态数据辨识结果。图中横坐标为 4 种状态的数据样本，已用垂直虚线分隔开来，纵坐标为 4 种状态的数据样本辨识结果，横纵坐标能够相互对应的样本即为状态辨识正确的样本。图 3-7~图 3-10 所显示的结果与表 3-3 和表 3-4 中的各指标值相互对应。垂向看，无论是何种特征提取方法，"外圈故障"类别中的样本被误分为其他类别的样本个数最多，即检出率低，对应于"外圈故障"的低 *DR* 值。而横向看，无论是何种特征提取方法，被误分到"内圈故障"和"滚动体故障"两类中的样本较多，即误报率较高，对应于"内圈故障"和"滚动体故障"高 *FAR* 值。综合比较 4 幅图，可见图 3-8 的各类别样本点的相互对应结果略好于图 3-9，即基于能量特征的多分类器性能优于基于 Shanon 熵特征的多分类器性能，而由图 3-7 和图 3-10 可知，基于 RMS 和基于能量矩特征的两个多分类器性能相近。

　　Test 3.2.2 的 48kHz 驱动端数据的 DAGSVM 中各子分类器的分类正确率和 *FK* 值如表 3-5 所示。由表 3-5 可见，在 6 个二分类的子分类器中，分类效果相差不大，无论是何种特征提取方法，各子分类器的 *CR* 值均分布在 0.84 至 0.90 之间，*FK* 值除"滚动体故障 VS 外圈故障"中的基于能量和 Shanon 熵特征的 2 个值为 0.7988 外，其他 *FK* 值均大于 0.8。这一结果说明 6 个子分类器的性能良好且较均衡，为后续的多分类奠定了较好的基础。

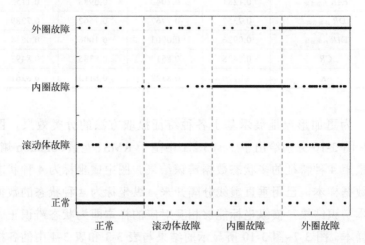

图 3-7　Test 3.2.1 基于 RMS 特征的多状态数据辨识结果

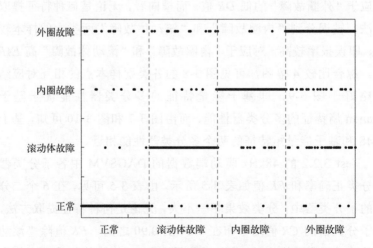

图 3-8　Test 3.2.1 基于能量特征的多状态数据辨识结果

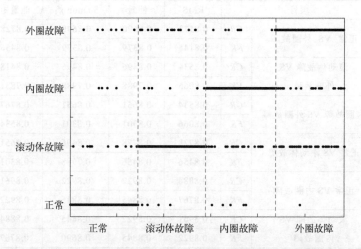

图 3-9　Test 3.2.1 基于 Shanon 熵特征的多状态数据辨识结果

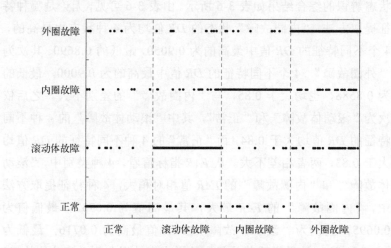

图 3-10　Test 3.2.1 基于能量矩特征的多状态数据辨识结果

表 3-5　Test 3.2.2 中 DAGSVM 的各子分类器的分类结果

项目		RMS	能量	Shanon 熵	能量矩
正常 VS 外圈故障	CR	0.8573	0.8690	0.8690	0.8728
	FK	0.8145	0.8379	0.8379	0.8456
滚动体故障 VS 外圈故障	CR	0.8534	0.8496	0.8496	0.8418
	FK	0.8066	0.7988	0.7988	0.7831
内圈故障 VS 外圈故障	CR	0.8534	0.8651	0.8651	0.8767
	FK	0.8066	0.8301	0.8301	0.8534
正常 VS 滚动体故障	CR	0.8728	0.8728	0.8496	0.8651
	FK	0.8456	0.8456	0.7988	0.8301
正常 VS 内圈故障	CR	0.8884	0.8922	0.8922	0.8961
	FK	0.8767	0.8845	0.8845	0.8922
滚动体故障 VS 内圈故障	CR	0.8961	0.8922	0.8845	0.8884
	FK	0.8922	0.8845	0.8690	0.8767

　　Test 3.2.2 的正常、滚动体故障、内圈故障、外圈故障的 4 种状态辨识的综合结果如表 3-6 所示。由表 3-6 可见，无论是哪种特征提取方法，"内圈故障"状态的 DR 值均为 4 种状态中最高的，4 个不同特征的 DR 值中最高的为 0.9050，最低的 0.8690。其次为"外圈故障"，4 个不同特征的 DR 值中最高的为 0.9000，最低的为 0.8588，也均大于 0.85，与"内圈故障"的差别不大。之后依次为"滚动体故障"和"正常"，其中"滚动体故障"的 4 种不同特征的 DR 值均大于 0.84，而"正常"的 4 种不同特征的 DR 值均大于 0.83，两者相差不大。从 FAR 指标值看，4 种类别中，"滚动体故障"和"内圈故障"的 FAR 值相对稍大，4 种特征提取方法中，"内圈故障"的 FAR 最大，其最高值为 0.0732，最低值为 0.0695，其次为"滚动体故障"，FAR 值最高为 0.0716，最低为 0.0687。这一结果说明其他状态的样本点被误分到"滚动体故障"和"内圈故障"两种状态的个数较多。"正常"和"外圈故障"两类别的 FAR 值相对较低，"正常"和"外圈故障"的 4 种不同特征

的 *FAR* 均低于 0.7。总的来说，4 种状态点的分类效果相差不大，分类精度可以接受。

横向对比表 3-6 中基于不同特征的分类效果，可见基于能量矩特征所获得的 *CR* 值最高，*FK* 值亦最高，分别为 0.8699 和 0.8599，其次是基于能量特征的，其 *CR* 和 *FK* 值分别为 0.8673 和 0.8564，再次分别为基于 Shanon 熵特征的和基于 RMS 特征的，其中基于 RMS 特征的分类效果最差，其 *CR* 和 *FK* 值分别仅为 0.8630 和 0.8507。

表 3-6　Test 3.2.2 的正常、滚动体故障、
内圈故障、外圈故障四种状态的分类结果

项目	RMS	能量	Shanon 熵	能量矩
DR 正常	0.8379	0.8517	0.8345	0.8552
FAR 正常	0.0671	0.0651	0.0660	0.0636
DR 滚动体故障	0.8555	0.8486	0.8555	0.8452
FAR 滚动体故障	0.0696	0.0687	0.716	0.699
DR 内圈故障	0.9050	0.9100	0.8690	0.9001
FAR 内圈故障	0.0707	0.0718	0.0695	0.0732
DR 外圈故障	0.8588	0.8691	0.9000	0.8794
FAR 外圈故障	0.0672	0.0641	0.0664	0.0630
CR	0.8630	0.8673	0.8647	0.8699
FK	0.8507	0.8564	0.8530	0.8599

图 3-11~图 3-14 分别给出了 Test 3.2.2 中基于 RMS、能量、Shanon 熵、能量矩 4 种特征的多状态数据辨识结果。4 幅图中，垂向看，无论是何种特征提取方法，"正常"类别中的样本被误分为其他类别的样本个数最多，即检出率低，对应于"正常"的低 *DR* 值，其次分别为"滚动体故障"和"外圈故障"，而"内圈故障"类别中的样本被误分到其他类别中的样本个数最少。而横向看，无论是何种特征提取方法，被误分到"内圈故障"类别中的

样本个数最多，其次为"滚动体故障"，这对应于"内圈故障"和"滚动体故障"类别的高 *FAR* 值。"外圈故障"和"正常"类别中被误分的样本个数较少，对应于其 *FAR* 值较低。综合比较 4 幅图，可见图 3-12 和图 3-14 的各类别样本点的相互对应结果好于图 3-11，即基于能量和能量矩特征的多分类器性能优于基于 RMS 特征的多分类器性能。

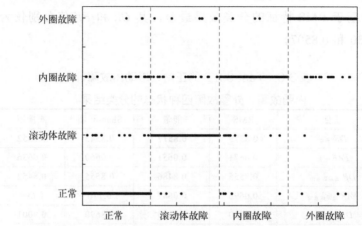

图 3-11　Test 3.2.2 基于 RMS 特征的多状态数据辨识结果

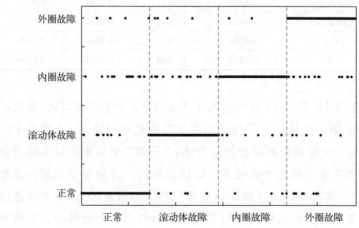

图 3-12　Test 3.2.2 基于能量特征的多状态数据辨识结果

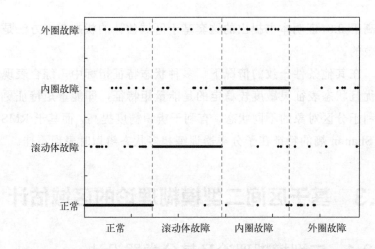

图 3-13　Test 3.2.2 基于 Shanon 熵特征的多状态数据辨识结果

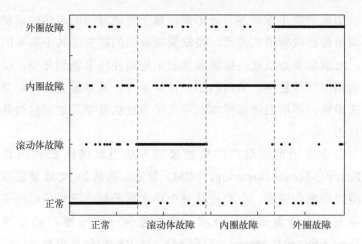

图 3-14　Test 3.2.2 基于能量矩特征的多状态数据辨识结果

（3）试验结果总结

经过上述对两组试验结果的详细分析，可得结论如下：

基于 EMD 分解—状态特征指标计算—SVM 分类的区域估计方法所获得的二值和多值分类准确率均高于 0.8，对应的 *FK* 值也均高于 0.8,证明本书提出的这套基于区域估计的状态辨识方法是有效的。

在其他条件一致的情况下,多种状态特征指标中,综合表现较优且状态表征灵敏度较稳定的是能量矩特征,即能量矩特征更有利于分区对象的不同状态,有利于辨识精度提高,而基于 RMS 和 Shanon 熵的特征在子分类器训练和多状态辨识时表现不佳。

3.3　基于区间二型模糊理论的区域估计

3.3.1　二型模糊理论及其分类器设计

如本书第 1 章所述,近年来,基于智能算法的滚动轴承状态辨识问题已成为研究热点,模糊聚类方法的研究是其中重要的一支。所谓聚类方法就是按照事物的某些属性将事物划分类,使类间的相似性尽量小,类内的相似性尽量大,其本质上是无监督的模式识别,不需要训练样本,可直接通过机器学习达到自动分类的目的。

当今应用范围最广的模糊聚类方法当属模糊 C 均值聚类 (Fuzzy C-Means clustering,FCM) 算法。传统的 FCM 算法基于一型模糊集合理论,分别计算每个样本属于每个已知的标准子集的隶属度来衡量其归属程度,也被称为一型模糊 C 均值聚类 (Type-1 Fuzzy C-Means,T1FCM),该方法的效果得到了广泛的认可。但是,滚动轴承的服役状态特征具有渐变模糊性,并且与不同状态类型、不同损伤程度类型的对应关系具有不确定性,相应模糊聚类算法的参数也具有不确定性,传统的 FCM 以一型模糊集合为基础,不能完全处理和解决这种多种不确定性并存的情况。因而,本书引入区间二型模糊 C 均值聚类算法(Interval Type-

2 Fuzzy C-Means，IT2FCM），在借鉴该算法在其他应用的基础上，尝试解决这种高模糊性的滚动轴承运行状态辨识问题，实现更好的聚类效果。

（1）二型模糊集合

Zadeh 在 1975 年提出了二型模糊集合的概念，使得二型模糊集合中元素的取值范围比一型模糊集合多了一维，从二维空间扩展到了三维空间，从而加强了集合描述模糊性的能力。其实，直观上可以理解为二型模糊集合是对一型隶属度函数取值的模糊化，弥补了一型模糊集合只适用于拥有精确的隶属度函数情况的缺陷。

虽然二型模糊集合在描述多重模糊不确定性方面拥有优势，但是二型模糊集合的计算复杂度相当高，很难应用于工程现场。针对这一问题，美国南加州大学教授 Mendel 等人进一步提出了区间二型模糊集合的概念，即把二型模糊集合的二阶隶属函数定义为隶属度等于 1 的区间模糊集合，这一理论的提出简化了运算过程，促进了二型模糊集合理论在通信、自动化、生物等领域的广泛应用。本书所采用的 IT2FCM 聚类方法就是利用了区间二型模糊集合这一概念。接下来，本书对 Mendel 所描述的一些定义进行整理，分别简单介绍二型模糊集合和区间二型模糊集合所涉及的一些常用概念。

① 二型模糊集合　给定论域 X 上的二型模糊集合 $\tilde{A}$，可以表示为：

$$\tilde{A} = \int_{x \in X} \int_{u \in J_x} \mu_{\tilde{A}}(x,u)/(x,u) = \int_{x \in X} \left[\int_{u \in J_x} f_x(u)/u \right]/x \quad (3\text{-}35)$$

式中，$\mu_{\tilde{A}}(x,u) \in [0,1]$ 是集合的三维隶属度函数；$u \in J_x \subseteq [0,1]$，$J_x$ 是主隶属度函数；$\int_{u \in J_x} f_x(u)/u$ 是次隶属度函数，$f_x(u)$ 为次隶属度；$f_x(u)/u$ 表示论域中的元素 u 与其隶属度 $f_x(u)$ 之间的对应关系；J_x 的并集称为不确定迹（FOU），FOU 的上、下限对应上、下隶属

度函数；$\iint$ 表示所有 x 与 μ 的并集。如果论域 X 是离散的，则用 $\sum$ 取代 $\int$，$\sum$ 表示模糊集合在论域 X 上的整体。

对二型模糊集合中的任意元素来说，隶属度均为区间[0，1]上的隶属函数，而不是一个确切的值，该隶属函数的定义域为[0，1]的子集，值域也为[0，1]。

② 区间二型模糊集合　当 $f_x(u)=1\{\forall u \in J_x \subseteq [0,1]\}$ 时，则次隶属函数是区间集，如果对 $\forall x \in X$ 都是这样，则称 $\tilde{A}$ 为区间二型模糊集合，可以表示为：

$$\tilde{A} = \int_{x \in X} \int_{u \in J_x} 1/(x,u) = \int_{x \in X} \left[\int_{u \in J_x} 1/u \right] / x \qquad (3\text{-}36)$$

区间二型模糊集合的隶属度函数如图 3-15 所示，图中 Upper MF 为上隶属度函数，Lower MF 为下隶属度函数，由于次隶属度为 1，大大简化了计算过程，所以求取隶属度函数是区间二型模糊计算中最关键的步骤。另外，图中阴影部分为 $\tilde{A}$ 的不确定域（FOU），其描述了区间二型模糊集合的隶属度函数，为所有主隶属度函数的并集。当 FOU 确定时，其对应的区间二型模糊隶属度函数也随之确定。

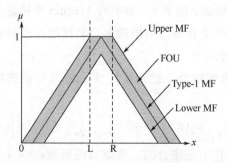

图 3-15　区间二型模糊集合的隶属度函数

（2）IT2FCM 算法

IT2FCM 是 FCM 的一种改进算法，传统的 FCM 已经相当成熟，在此不再赘述。但是，在讨论 IT2FCM 算法之前，仍有必要对 FCM 中与 IT2FCM 相关的关键参数进行说明。对于 FCM 算法来说，模糊加权指数是非常重要的一个参数，其取值的选择会很大程度上影响到模糊聚类结果的模糊程度。模糊加权指数 m 的取值大小对聚类结果的影响见图 3-16。图中，C_1、C_2 两个圆分别表示以 v_1、v_2 为聚类中心的两个划分类，位于 v_1、v_2 之间的垂直平分线表示决策边界，即位于边界左侧的数据点归类于 C_1 类，位于边界右侧的数据点归类于 C_2 类，而位于边界上的数据点对于类 C_1、C_2 的隶属度相同。分析图 3-16（a）可以很明显地看出来，当 $m=1$ 时，决策边界为一条直线，此时 FCM 算法近似于硬划分，当受到噪声等不确定因素的影响时，边界附近的数据点很容易被误划分；图 3-16（b）表示模糊加权指数取值较为理想的情况，阴影部分是被 m 模

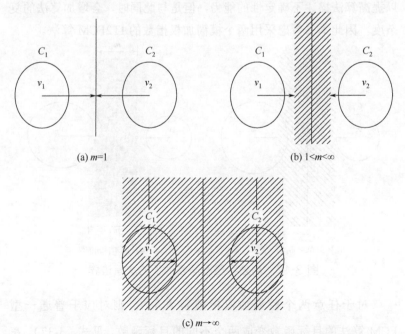

图 3-16　模糊加权指数 m 对模糊聚类结果的影响

糊化后的决策边界，该边界纳入了边界附近不确定的数据点并能使其拥有相同的隶属度，从而减小更新聚类中心时该类数据点的不良影响；图 3-16（c）所示为 $m \to \infty$ 的情况，此时决策边界充满全域，FCM 算法失去划分特性，模糊化程度最大，所有的数据点的隶属度值均为 $1/c$。实际应用中，不同数据对应的最优加权指数值不同，但一般情况下，当 $m > 10$ 就可认为 FCM 算法已开始失去划分特性。

如上所述，图 3-16（b）对模糊加权指数 m 的最佳取值分析以 C_1、C_2 为容量相同的两个划分类为前提条件，然而在实际应用中，C_1、C_2 容量一般是不同的，那么通过单个 m 值的调节将无法得到理想的决策边界，如图 3-17（a）所示。因而，在聚类算法中针对不同划分类给定不同的决策边界，即采用不同的 m 值，对提高聚类结果的准确性意义重大，如图 3-17（b）所示。虽然多个模糊加权指数可以提高算法描述不确定性的能力，但是与此同时，会增加算法的复杂度，因此本书考虑采用两个模糊加权指数的 IT2FCM 算法。

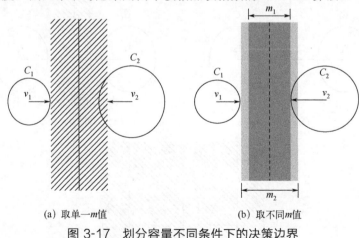

(a) 取单一 m 值 (b) 取不同 m 值

图 3-17　划分容量不同条件下的决策边界

对于任意两个模糊加权指数 m_1 和 m_2，则对应于普通一型 FCM 算法的目标函数变成两个不同的目标函数，见式（3-37）。在

IT2FCM 的迭代寻优的过程中，应同时使这两个目标函数最小。

$$J_{m_1}(u,v) = \sum_{k=1}^{n}\sum_{i=1}^{c} u_{ik}^{m_1} d_{ik}^2$$

$$J_{m_2}(u,v) = \sum_{k=1}^{n}\sum_{i=1}^{c} u_{ik}^{m_2} d_{ik}^2 \qquad (3\text{-}37)$$

IT2FCM 算法主要利用两个不同的模糊加权指数 m_1 和 m_2 来定义主隶属度区间的上限和下限，采用次隶属度值为 1 的区间二型模糊集合来构造次隶属度函数，从而使得传统的基于一型模糊集合的 FCM 算法扩展至区间二型。由于采用了便于计算的区间二型模糊集合，IT2FCM 算法既提高了算法描述不确定性的能力，又不致算法太过复杂。基于对区间二型模糊集合的分析，Cheual Hwang 提出了实现 FCM 扩展到 IT2FCM 的几个技术难点，包括确定上、下隶属度函数，通过降型和去模糊化更新聚类中心并实现精确的分类结果。其中，所提出的上下隶属度函数的计算公式如式（3-38），后西南交通大学的邱存勇博士对该公式进行了改良，见式（3-39），其中计算距离的方法与 FCM 算法一样，皆采用的是欧氏距离。

$$\bar{u}_{ik} = \begin{cases} \dfrac{1}{\displaystyle\sum_{j=1}^{c}\left(\dfrac{d_{ik}}{d_{jk}}\right)^{\frac{2}{m_1-1}}}, & \displaystyle\sum_{j=1}^{c}\left(\dfrac{d_{ik}}{d_{jk}}\right) < c \\[3em] \dfrac{1}{\displaystyle\sum_{j=1}^{c}\left(\dfrac{d_{ik}}{d_{jk}}\right)^{\frac{2}{m_2-1}}}, & 其他 \end{cases}$$

$$\qquad (3\text{-}38)$$

$$\underline{u}_{ik} = \begin{cases} \dfrac{1}{\displaystyle\sum_{j=1}^{c}\left(\dfrac{d_{ik}}{d_{jk}}\right)^{\frac{2}{m_1-1}}}, & \displaystyle\sum_{j=1}^{c}\left(\dfrac{d_{ik}}{d_{jk}}\right) \geqslant c \\[3em] \dfrac{1}{\displaystyle\sum_{j=1}^{c}\left(\dfrac{d_{ik}}{d_{jk}}\right)^{\frac{2}{m_2-1}}}, & 其他 \end{cases}$$

$$\overline{u}_{ik} = \max\left(\frac{1}{\sum_{j=1}^{c}\left(\dfrac{d_{ik}}{d_{jk}}\right)^{\frac{2}{m_1-1}}}, \frac{1}{\sum_{j=1}^{c}\left(\dfrac{d_{ik}}{d_{jk}}\right)^{\frac{2}{m_2-1}}}\right)$$

$$\underline{u}_{ik} = \min\left(\frac{1}{\sum_{j=1}^{c}\left(\dfrac{d_{ik}}{d_{jk}}\right)^{\frac{2}{m_1-1}}}, \frac{1}{\sum_{j=1}^{c}\left(\dfrac{d_{ik}}{d_{jk}}\right)^{\frac{2}{m_2-1}}}\right)$$

（3-39）

本书通过一个实例来解释上下隶属度函数的求取过程，如图 3-18 所示。图中，x 轴表示一个取值在[-1，1]的数据集 X 中的数据点，y 轴表示对应的隶属度值。图中灰色线与黑色线分别为 $m_1 = 2$，$m_2 = 5$ 时的上、下隶属度函数，阴影部分为模糊加权指数 m 的不确定域 FOU，即 IT2FCM 上、下隶属度函数分别为对应参数 m 取值的 FOU 的上边界与下边界。

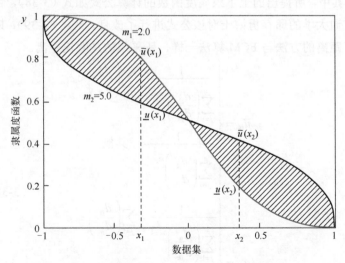

图 3-18　参数 m 的 FOU 与上、下隶属度函数

上、下隶属度函数确定以后，由于两个不同的模糊加权指数 m_1、m_2 所导致的不确定性会贯穿在 IT2FCM 算法的聚类中心的更

新、最终聚类决策的去模糊化过程中。针对第一个问题，区别于
FCM 算法，IT2FCM 算法利用区间二型模糊集合来更新聚类中
心，因此需要选择合适的方法对二型模糊集合进行降型和去模糊
化。在众多的降型方法中，广义重心降型法最接近于基于原型的
聚类算法的聚类中心更新过程，所以本书选择使用广义重心降型
法。在实际应用中，也可根据需求选择其他的降型方法，如高度
降型法。高度降型法虽然可以在一定程度上减小计算的复杂性，
但是该种方法的估计过程很简单，会使降型精度降低，最终导致
聚类结果精确度下降，所以本书不采用高度降型法。对其他降型
方法的分析介绍可见文献[73]。

　　Mendel 在该文献详细介绍道，对一个由 n 个点 $x_1, x_2, \cdots, x_N$ 组
成的一型模糊集合 X 进行降型，其重心可通过式（3-40）来计算。
如果将其扩展到区间二型模糊集合 $\tilde{X}$ 的降型，则相应的重心求解
式为式（3-41），由该式可见，广义重心降型法取得的重心区间
$[v_L, v_R]$ 是一个一型模糊集合，其中 $v_L = \max(v_1, v_2 \cdots, v_N)$，
$v_R = \max(v_1, v_2, \cdots, v_N)$，更进一步可通过去模糊化的方法求取聚类
中心 v_k，如式（3-42），具体过程见该文献。

$$v_x = \frac{\sum_{k=1}^{N} x_k u(x_k)}{\sum_{k=1}^{N} u(x_k)} \tag{3-40}$$

$$v_{\tilde{x}} = [v_L, v_R] = \sum_{u(x_1) \in J_{x_1}} \cdots \sum_{u(x_n) \in J_{x_N}} \frac{1}{\left[\dfrac{\sum_{k=1}^{N} x_k u(x_k)^m}{\sum_{k=1}^{N} u(x_k)^m} \right]} \tag{3-41}$$

$$v_k = \frac{v_R + v_L}{2} \tag{3-42}$$

　　另一方面，在最终的聚类决策过程中，可以根据样本隶属度
的大小来决定样本的分类。一般而言，在传统的 FCM 算法中，如

果 $\mu_i(x_k) > \mu_m(x_k)$，$m=1,2,\cdots,c,m\neq i$，则认为样本 x_k 属于第 i 类。但对于 IT2FCM 却有上下两个隶属度函数 $\overline{u}_{ik} = \overline{u}_i(x_k)$、$\underline{u}_{ik} = \underline{u}_i(x_k)$，因此需要对样本的隶属度按照式（3-43）进行降型处理。

$$u_i(x_k) = \frac{u_i^R(x_k) + u_i^L(x_k)}{2} \tag{3-43}$$

如果对于每个样本有 M 个特征值，即样本 x_k 为一个向量，可表示为 $x_k = (x_{k1}, x_{k2}, \cdots, x_{kl}, \cdots, x_{kM})$，那么上式中的 $u_i^R(x_k)$ 和 $u_i^L(x_k)$ 可以通过每个特征的上下隶属度函数求得，如式（3-44）。

$$u_i^R(x_k) = \frac{\sum_l^M u_{il}(x_k)}{2} \text{ 其中} u_{il}(x_k) = \begin{cases} \overline{u}_i(x_k), if \ x_{kl} uses \ \overline{u}_i(x_k) \ for \ v_i^R \\ \underline{u}_i(x_k), otherwise \end{cases}$$

$$u_i^L(x_k) = \frac{\sum_l^M u_{il}(x_k)}{2} \text{ 其中} u_{il}(x_k) = \begin{cases} \overline{u}_i(x_k), if \ x_{kl} uses \ \overline{u}_i(x_k) \ for \ v_i^L \\ \underline{u}_i(x_k), otherwise \end{cases}$$

$$\tag{3-44}$$

综上，IT2FCM 算法的执行步骤如下。

步骤 1：给定聚类类别数 c 及参数 m_1 和 m_2（$1 < m_1 < m_2 < \infty$），$2 \leqslant c \leqslant n$，$n$ 是样本个数，设定迭代停止阈值 ε，迭代计数器 $l=0$。

步骤 2：初始化聚类中心 $V^{(1)}$。

步骤 3：通过公式（3-38）计算或更新上、下模糊划分矩阵 $\overline{U}^{(1)}$，$\underline{U}^{(1)}$。

步骤 4：更新聚类中心 $V^{(l+1)}$。如上节所述，IT2FCM 算法在更新时得到的是一个 $[v_L, v_R]$ 形式的区间值聚类中心。求边界 v_L 时，为确保 v_L 取得的聚类中心是最小值，更新过程中，对数据 $x_k < V^{(l)}$，设对应的隶属度值为 $u_{ik}^L = \overline{u}_{ik}$，反之则取 $u_{ik}^L = \underline{u}_{ik}$，由式（3-45）的广义重心降型法来求得 v_L。同理得到最大值 v_R，利用式（3-42）计算去模糊化后的聚类中心 $V^{(l+1)} = (v^L + v^R)/2$。

$$v_i^L = \sum_{k=1}^n x_k u_{ik}^L / \sum_{k=1}^n u_{ik}^L$$

$$v_i^R = \sum_{k=1}^n x_k u_{ik}^R / \sum_{k=1}^n u_{ik}^R \tag{3-45}$$

步骤 5：如果满足 $\left\| V^{(1+1)} - V^{(1)} \right\| < \varepsilon$，停止迭代，否则 $l = l+1$，转第 3 步。

步骤 6：基于步骤 3 获得的 u_{ik}^L、u_{ik}^R，利用式（3-43）对 u_{ik}^L 和 u_{ik}^R 构成的区间二型模糊集合降型，最后根据样本隶属度值的大小决定样本的分类，即：如果 $\mu_i(x_k) > \mu_m(x_k)$，$m = 1, 2, \cdots, c, m \neq i$，则认为 x_k 属于第 i 类。

图 3-19 为 IT2FCM 算法的基本流程。

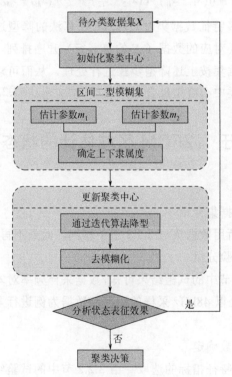

图 3-19　IT2FCM 算法的基本流程

注意：上述算法处理的数据集 X 样本个数为 n，且仅具有唯一一个特征，而实际中，大部分数据通常包含多个特征值，此处设每个数据样本拥有 M 个特征，即：

$$X = \begin{bmatrix} x_{11} & x_{12} & \cdots & x_{1M} \\ x_{21} & x_{22} & \cdots & x_{2M} \\ \vdots & \vdots & \ddots & \vdots \\ x_{n1} & x_{n2} & \cdots & x_{nM} \end{bmatrix} \rightarrow \begin{bmatrix} x_1 \\ x_2 \\ \vdots \\ x_n \end{bmatrix} \qquad (3\text{-}46)$$

对应的聚类中心也是一个 $n \times M$ 的矩阵，此时数据集中 k 个样本 x_k 与第 i 个聚类中心 v_i 间的欧氏距离 d_{ik} 为：

$$d_{ik} = \sqrt{(x_{k1} - v_{i1})^2 + (x_{k2} - v_{i2})^2 + \cdots + (x_{kM} - v_{iM})^2} \qquad (3\text{-}47)$$

在处理多特征数据集时，IT2FCM 算法的降型过程需要分别对每一个特征对应的数据（X 的每一行）升序排列，对排序后的各个特征数据集按上述降型步骤进行处理，从而可求得相应每个特征下的聚类中心降型集合区间端点 $\left[v_l^L, v_l^R \right], (l = 1, 2, \cdots, M)$。

3.3.2 基于 IT2FCM 区域估计的状态辨识试验及分析

（1）数据集介绍

此试验所用数据集与 3.2.2 节中相同，此处不再介绍。

（2）试验分组

从 3.2.2 节中的试验结果可知，数据采样频率对本书试验影响不大，故此处以 48kHz 采样的驱动端数据为例进行多状态辨识的试验。

（3）参数确定

① 状态特征指标的选取　由 3.2.2 节中的试验结果可知，在各种状态特征指标中，能量矩指标是综合表现最优的，故此处用能量矩作为状态特征指标，提取了 7 维能量矩数据作为待辨识向量。图 3-20 为由原始振动加速度数据计算获得的 4 个状态下的特

征样本点，即 7 维能量矩数据，图中采用虚线将 4 种不同状态下的能量矩数据进行了划分，第 1~290 个样本点为正常状态数据；第 291~582 个样本点为滚动体故障数据；第 583~872 个样本点为内圈故障数据；第 873~1163 个样本点为外圈故障数据。由图 3-20 可见，在不同的状态下，各个维度的能量矩幅值范围及波动程度均有不同，因此也说明该特征能够清晰地反映滚动轴承的运行状态。

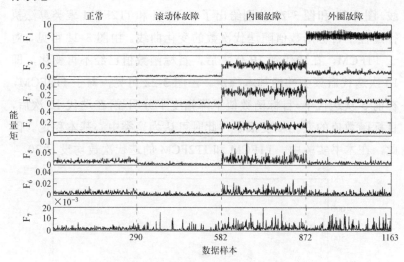

图 3-20　4 种不同状态下的能量矩

② 算法参数　本书采用能量矩数据进行预试验，通过多次试凑，将 IT2FCM 聚类时 m_1 和 m_2 分别取值为 2.0 和 5.0。

此外，为确定聚类算法所获得的中心在经过若干次迭代后是否已经达到稳定，本书计算了每一次迭代的目标函数，如式（3-48）所示，当其值不再变化或浮动很小时，则可认为聚类效果已经稳定。

$$O_l = \sum_{j=1}^{C} \sum_{i=1}^{N} D_{ij}^{2} \times U_{ij} \tag{3-48}$$

式中，O_l 为迭代到第 l 代时的目标函数值；C 为类别数，$C=4$；N 为全体样本点数目，$N=1163$；D_{ij} 为第 i 个样本点到第 j 类的中心的欧氏距离；U_{ij} 为第 i 个样本属于第 j 类的隶属度。

为了比较同为无监督算法的收敛性能，本书同时采用了传统的 FCM（以下简称 T1FCM）与 IT2FCM 进行对比，详细试验结果可见结果分析部分。因 T1FCM 同样需要确定迭代次数，故在此同时给出 T1FCM 和 IT2FCM 的目标函数值随迭代次数的变化曲线。图 3-21 和图 3-22 分别给出了 T1FCM 和 IT2FCM 聚类算法执行过程中目标函数值随迭代次数的变化曲线。由图 3-21 可见，对于 T1FCM，在迭代到 10 代之后，目标函数值已经不再变化，即 10 次迭代后聚类性能基本稳定。由图 3-22 可见，对于 IT2FCM，在前 5 次迭代中，目标函数值下降幅度十分明显，在迭代 15 次后，目标函数值的变化幅度很小，此时可认为聚类中心基本稳定。因此，在本书实验中，T1FCM 和 IT2FCM 的迭代次数均设为 30。

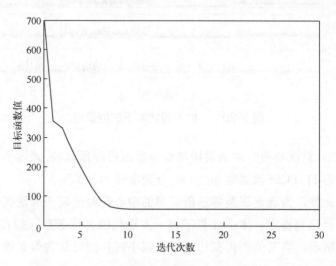

图 3-21　T1FCM 迭代过程的目标函数变化曲线

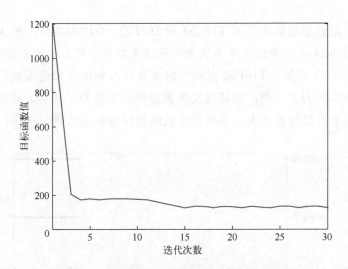

图 3-22　IT2FCM 迭代过程的目标函数变化曲线

（4）评价指标

具体指标的定义和描述与 3.2.2 节中相同，但是此处不涉及各
个子类的辨识，故评价指标只有检出率 CR 和 FK 两个指标。

（5）结果分析

表 3-7 给出了 T1FCM 和 IT2FCM 所得聚类结果的各评价指
标值。由表 3-7 可见：T1FCM 所得结果的分类正确率仅为 0.6414，
相应的 FK 值也仅为 0.5067，远低于 0.8，聚类结果与实际结果相
差较远；而 IT2FCM 所得结果的分类正确率为 0.9656，相应的 FK
值为 0.9541，4 种状态特征样本的辨识准确率高于 95%，且聚类
结果与实际结果具有很高的一致性。

表 3-7　T1FCM 和 IT2FCM 所得聚类结果的评价指标值

评价指标	T1FCM	IT2FCM
CR	0.6414	0.9656
FK	0.5067	0.9541

为更加形象地展示 T1FCM 和 IT2FCM 的辨识结果，图 3-23 和图 3-24 分别给出了 4 类状态特征样本中每个样本的辨识情况。由图 3-23 可见，T1FCM 聚类时将正常样本和绝大部分滚动体故障样本归为了一类，而同时将外圈故障样本分为了两类，且两类的样本数据相差不大，仅有内圈故障能够被独立地划分出来。对

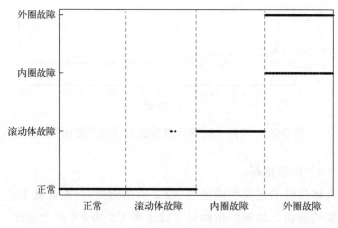

图 3-23　T1FCM 的聚类结果

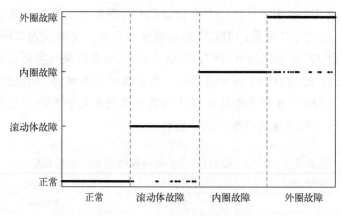

图 3-24　IT2FCM 的聚类结果

于 IT2FCM，由图 3-24 中的辨识结果可见，4 类不同状态下的特征数据样本能够被较精确地分为 4 类，仅有少量的外圈故障样本被误分为内圈故障，同时极少的滚动体故障样本被误分为正常，而所有的正常样本和内圈故障样本均被正确分类。

为更加清楚地描绘分类效果，并为解释图 3-23 和图 3-24 中的聚类结果，图 3-25 和图 3-26 分别给出了 T1FCM 和 IT2FCM 所获得的聚类中心以及 4 类特征样本数据。因特征数据样本的维数为 7，无法进行直接展示，因此随机选择了第 1、2、6 维样本数据和聚类中心在三维图中展示。图中采用不同形状的点表示不同类的特征样本，采用黑色三角▲表示聚类中心。由图 3-25 可见，T1FCM 将左边两类样本（正常和滚动体故障）聚为一类，这两类样本附近仅有一个聚类中心，而又将右下方的一类样本（外圈故障）划分为两类，给出两个聚类中心，因此得到了图 3-23 所示的分类结果。由图 3-26 可见，IT2FCM 能够较精确地找到 4 类样本中每一类的聚类中心，进而精确地完成特征数据的聚类。

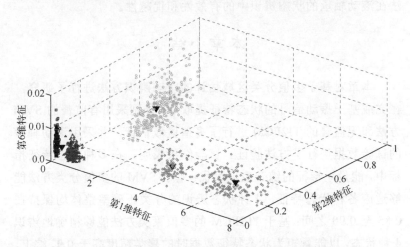

图 3-25　T1FCM 的 4 个聚类中心和 4 类样本点

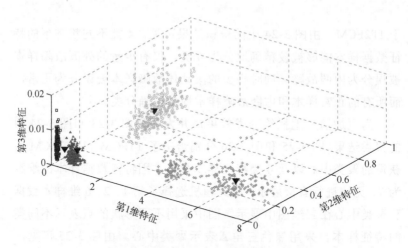

图 3-26 IT2FCM 的 4 个聚类中心和 4 类样本点

由上述实验结果分析及与 T1FCM 的对比可见，在有效提取了能量矩作为状态特征后，通过 IT2FCM 聚类方法能够精确地完成多区域中心的确定和多种状态的辨识，验证了 IT2FCM 聚类方法在滚动轴承的状态辨识中的有效性和优越性。

本章小结

本章对基于多值分类区域估计的状态辨识方法进行了研究，在完成基于振动信号的状态特征提取后，分别采用有监督的 SVM 方法和无监督的 TI2FCM 进行了多值区域估计，并采用滚动轴承的试验数据进行了方法验证。试验结果表明：在多种状态特征指标中，能量矩特征的综合表现最优；基于 SVM 的多值分类方法能够适应各种状态特征，4 种状态辨识的分类正确率整体均保持在 0.85 至 0.90 之间；基于 IT2FCM 的多值聚类方法能够精确地辨识 4 种状态，以能量矩为状态特征数据时的聚类精度高于 0.9。综上，通过试验结果的分析，能够验证本书提出的有监督和无监督的区域估计方法的有效性。

　　基于 SVM 的多值分类方法可以充分利用先验知识，但其训练完成所得的边界受训练点选取的影响较大，即受人为因素影响较大，因此普适性一般；基于 IT2FCM 的多值聚类方法对先验知识没特殊要求，受人为因素影响较小，因此普适性较好，但其训练和优化算法更为复杂，计算量大。在实际应用时，应根据具体的现场工况和环境选择合适的算法。

第4章

基于单值分类区域
估计的状态辨识方法

　　本书第 3 章讨论的多值分类区域估计方法，其前提是具备多种不同状态（包括正常和各种异常状态）的状态数据集，并基于此获得多种状态的状态特征后进行多值分类区域估计。但是实际工程现场的情况往往并非如此理想，可想而知，为保障印后设备的正常运转，从新机器上线直至服役期满下线，其绝大部分时间必然是处于正常服役状态的，尽管偶有关键部件发生故障，但相对来说故障发生的概率很小。尤其是随着现代化机械制造技术的不断发展，印后设备本身的质量越来越好，安全性也越来越高，其在线服役时关键零部件发生异常的情况越来越少，且越来越精细化的维修和养护手段也为设备运转时的高安全性提供了有效保障。因此，在某一关键装备的状态数据积累方面，面临的现实情况是：所采集的数据绝大部分是正常状态下的数据，相对而言有效的异常和故障状态数据可能十分稀少甚至没有。在新机器上线或旧机器换新时，这种情况更为普遍，甚至可能存在运行数月都没有异常和故障发生的情况。

　　在这种无法获取异常和故障状态数据的情况下，采用基于数据智能分类的区域估计方法，无法完成多值分类以进行关键零部件的状态评价。因此，基于区域估计的基本框架和思路，在仅有正常状态数据的情况下，本章提出了基于正常域估计的状态评价方法，并尝试采用凸包生成和支持向量数据描述完成单值分类，即正常域的估计。

本章首先简要介绍正常域的基本概念，然后分别讨论采用凸包生成和支持向量数据描述的方法进行正常域估计，并针对这两种方法分别进行试验验证。

4.1　正常域单值边界的基本概念

本书第 2 章中已经对正常域进行过简要叙述，在此基础上进行有针对性的进一步解释和细化。

正常域，是针对某一具体的研究对象（如复杂机电系统中的某些关键装备），在研究对象的运行状态相关变量空间内，能够且仅包含正常状态数据的特征点的区域。

如本书第 2 章所述，正常域由其边界确定，可由正常状态数据和异常状态数据经分类训练所得。但本章考虑实际情况，讨论仅有正常状态数据而无异常数据时的正常域边界确定方法，因此，在第 2 章基本概念和方法的基础上，以下对仅有正常状态数据的正常域单值边界这种情况进行具体讨论。

仅有正常状态数据时，正常域单值边界可理解为能够包住所有正常运行状态点的最小的闭合的几何形状，即：在二维的变量空间内，正常域为能够包围所有正常状态点的最小闭合曲线；在三维的变量空间内，正常域为能够包住所有正常状态点的最小闭合曲面；在更高维的空间内，正常域则为能够包住所有正常状态点的最小超平面。图 4-1 所示即为二维空间内的正常域示意图，其中能包住所有正常状态点的最小闭合曲线即为正常域边界。

在得到正常域边界后，与基于区域估计的状态评价一致，仍

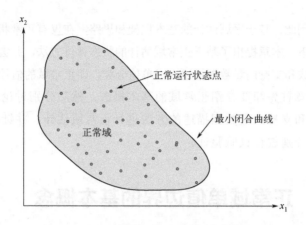

图 4-1　二维空间内的正常域示意图

可采用计算安全裕度的方法进行对象的安全状态评价，给出定量化的评价结果。若考虑在线使用时，应及时更新和补充正常运行状态点，积累足够数量的正常运行状态点，以保证评价准确性。

　　进行正常域边界估计时，与数据驱动的正常域边界估计方法不同，由于没有故障情况下的状态特征点，所以无法采用数据分类的方法进行区域的划分和边界的估计。因此，本章基于对正常域的直观理解，提出利用求解能够包围某一点集的最小超球体的方法进行正常域边界估计，以下的凸包生成和支持向量数据描述均是基于这一基本原理提出。

4.2　基于快速凸包生成的正常域估计

4.2.1　凸包理论

（1）凸包的概念

凸包问题是计算几何的基本问题之一，也是最基本和普遍的一种结构，在计算几何中占有重要地位。凸包是物体形状描述和特征抽取的重要工具，已经在故障诊断、视频分析、测绘测量、机器人、模式识别等工程领域有了广泛应用。

在计算几何中，凸包有严格的定义。

定义 4.1：设集合 $S \subset \mathbf{R}^n$，若对于 $\forall x_1, x_2 \in S$ 和 $\forall \alpha \in [0,1]$，都有 $\alpha x_1 + (1-\beta) x_2 \in S$，则称 S 是凸集。

定义 4.2：设 $x_1, x_2, \cdots, x_k \in \mathbf{R}^n$，如果存在满足 $\sum_{i=1}^{k} \alpha_i = 1$ 且 $\alpha_i \geq 0$ 使得 $x = \sum_{i=1}^{k} \alpha_i x_i$，则称 x 是 $x_1, x_2, \cdots, x_k$ 的一个凸组合，其中 $\alpha_1, \alpha_2, \cdots, \alpha_k$ 是相应的凸组合系数。

定义 4.3：设集合 $S \subset \mathbf{R}^n$ 且 $S = \{x_1, x_2, \cdots, x_k\}$，则将包含 S 的所有的凸集的交集称为 S 的凸包，记为 $co(S)$。S 的凸包 $co(S)$ 是包含 S 的最小凸集，且可以由集合 S 内所有点的凸组合构造而成，即

$$co(S) = \left\{ \sum_{i=1}^{k} \alpha_i x_i \,\middle|\, \sum_{i=1}^{k} \alpha_i = 1, \alpha_i \geq 0, i = 1, 2, \cdots, k \right\}.$$

平面点集的凸包是指包含平面点集内所有点并且顶点属于平面点集的最小简单凸多边形，可形象地将其想象为一条刚好包围所有点的橡胶圈，如图 4-2 所示。

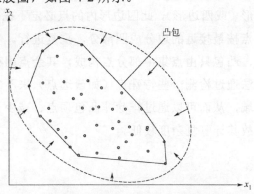

图 4-2　平面点集的凸包示意

由凸包的概念和描述可见，凸包与所需估计的正常域边界相对应，在精度要求不是很高的情况下，正常域边界的求取可通过计算所有正常运行状态的凸包而获得。

（2）凸包的计算方法

自19世纪70年代以来，已经有很多学者对点集凸包的计算方法进行了研究，其中较为经典的有增量法、Graham扫描法、Jarvis步进法、分治法和Akl-Toussaint启发式方法（快包法）等。

增量法是首先取几个点，形成初始凸包，然后不断寻找当前凸包外的新顶点来更新凸包，直到所有的点都在凸包内。

Graham扫描法是首先找到最小y坐标点，接着按照其他点和该极值点的连线与x轴的夹角的角度值排序，通过判断连续3个点的空间关系，从而得到逆时针排列的凸包顶点。

Jarvis步进法以某极值点作为开始点，根据其他点都位于相邻顶点连线同侧的原则，找到所有的顶点。

分治法是首先按坐标将点集分成2个子集L和R，使得L中所有的点在R的左边，递归地找到L和R的凸包，通过子凸包的公切线对其合并。

快包法是首先选择最左、最右、最上、最下的点，则它们必组成凸三角形（或四边形），此四边形内的点必定不在凸包上，然后将其余的点按最接近的边分成四部分，重复进行。考虑到在大多数情况下，凸包只由点集中部分点构成，其余点则存在于凸包内部，快包法通过检测一些特殊点（如最远点）来不断产生不需要研究的区域，从而可以通过排除非凸包顶点、减少分析点数来提高效率，故其计算复杂度较低。

4.2.2　基于快包法的正常域估计试验及结果分析

（1）数据集介绍

此试验所用数据集与 3.2.2 节中相同，此处不再介绍。

（2）试验分组

从 3.2.2 节中的试验结果可知，数据采样频率对本书试验影响不大，故此处以 48kHz 采样的驱动端数据为例进行多状态辨识的试验。

（3）参数确定

① 状态特征指标的选取　由第 3 章可知，能量矩作为状态特征指标，其综合表现较为优异，因此本章也采用能量矩作为状态特征指标。

② 算法参数　本书采用简单快速的快包法进行凸包生成。

（4）结果分析

因能量矩为 7 维数据，无法直接进行可视化展示，因此本书中给出能量矩中的前 3 维进行 3D 展示。图 4-3 给出了正常和故障状态下的能量矩数据的第 1~3 维，其中集中在图中最下方的较集中的数据点为正常状态数据，散布在其他区域的数据点为故障数据。图 4-3 再次说明能量矩数据能够较清晰地将不同状态数据分离开来。为更清晰地展示本章重点讨论的正常状态下的数据点，从而为正常域曲面估计做好准备，图 4-4 将图 4-3 中下部的深色数据点区域进行了放大，图中可明显见到正常数据点的分布情况。

为直观展示图 4-5 中 3D 曲面在各个维度上的形状，将此曲面分别向第 1-2、2-3、1-3 三个 2D 坐标上进行投影，投影所得的各个面上的 2D 闭合曲线如图 4-6~图 4-8 所示。其中点为投影到 2D 平面上的正常状态能量矩特征，多段直线所构成的闭合曲线为投影到 2D 平面上的正常域边界。

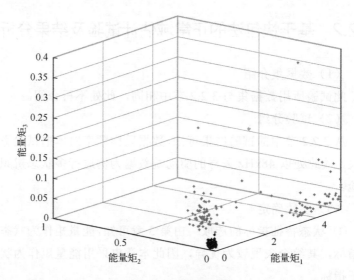

图 4-3　正常和故障状态下的能量矩状态特征第 1~3 维数据点

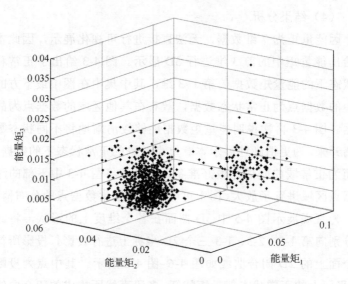

图 4-4　正常状态下的能量矩状态特征第 1~3 维数据点

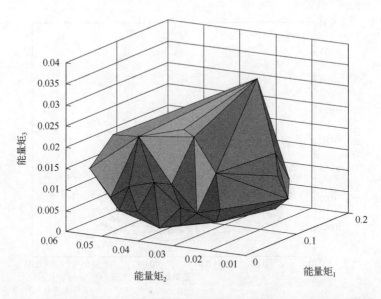

图 4-5　基于快速凸包生成的正常域边界曲面（能量矩第 1~3 维数据点）

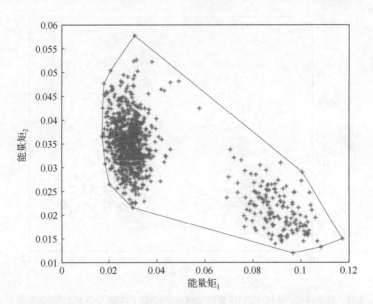

图 4-6　基于快速凸包生成的正常域边界曲面投影（在第 1、2 维能量矩平面上）

107

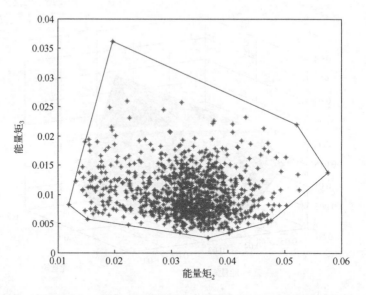

图4-7　基于快速凸包生成的正常域边界曲面投影（在第2-3维能量矩平面上）

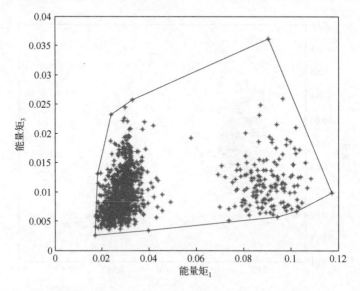

图4-8　基于快速凸包生成的正常域边界曲面投影（在第1~3维能量矩平面上）

　　图 4-5 给出了由快包法生成的正常域曲面，该曲面能够将图 4-4 所示的所有正常状态数据点包含在曲面内部，且曲面由数据点所构成的多个三角形平面构成，这与快包法的计算原理相一致。同时，正是因为该正常域曲面的顶点均由正常状态数据点集中的数据点组成，所以该曲面可以有效将故障状态数据点与正常状态的隔离开来。

　　必须说明的还有，该方法仅仅针对正常状态和异常状态的状态特征分布区域的划分十分明显时，方能取得较高的辨识正确率，如本试验，辨识准确率为 100%，不存在将故障状态特征点包含在正常域曲面内的情况；但是，若异常状态尚未导致严重故障或仅导致轻微故障，而状态特征提取时对各状态的灵敏度又不高时，采用此方法将会出现正常状态点与异常状态点的分布区域混叠的现象，此时所获得的正常域边界将会包含部分异常状态特征点，则直接导致辨识准确率下降。也正是因此，该方法所估计出的正常域边界大都偏保守，需要在使用过程中不断进行动态更新或积累足够丰富的正常状态数据，方能进一步扩大正常域范围，进而保证在实际工程应用时的误报率处于较低水平。

4.3　基于支持向量数据描述的正常域估计

4.3.1　支持向量数据描述

　　支持向量数据描述（support vector data description，SVDD）算法是 Tax 和 Duin 提出的一种单值分类方法，它是在统计学习理论和结构最小化准则下建立起来的学习理论。SVDD 算法的基本思想是通过核函数将原始空间数据映射到高维特征空间，并在其中寻找一个能够包含所有训练数据的最小超球面，同时使超球面内数据尽可能包"牢"、包"纯"，拒绝异类数据进入。当检测到新的数据点落入超球面内，认为其属于目标数据集，若落在超球面外部，认为其不属于目标集，是异常数据。也就是说，SVDD是将特定的训练数据集映射到高维空间，尽可能多地把同类数据包含在高维空间内，并把异类数据排斥在高维空间以外的单值分类方法。

近年来，SVDD作为单值分类算法被广泛应用在很多领域，如故障检测、医学成像检测和人脸识别等。众多学者针对SVDD算法的性能展开了广泛的研究。陶新民等在轴承状态监测中运用高阶统计矩阵奇异值谱作为故障特征训练SVDD模型；王培良等运用独立成分分析方法提取出轴承的非高斯信息，并结合SVDD对高斯特性小的间歇过程故障的特点对轴承进行在线监测；朱孝开和杨德贵利用训练多层推广能力不同的SVDD模型对测试数据归属进行辨识，在此基础上得到一种基于推广能力测度的多类SVDD模式识别方法；Zhang等在SVDD的基础上得到一种模糊多类分类器，它改进了C-means聚类方法；Min等利用粗糙集数据处理的功能同SVDD算法组合，在此基础上得到一种新的混合分类算法RS-SVDD；Wang和Lai提出一种改进的基于核空间位置分布的SVDD算法，该方法对每个样本点的核空间位置进行估计，将估计的距离值进行加权，再将权重引入SVDD中，为每个样本点分配惩罚参数值，实现对目标数据的描述。

支持向量数据描述的本质是一种基于边界思想的单值分类方法，其在二维空间中的原理图如图4-9所示。SVDD的基本思路为对有限样本数据进行训练，在多维特征空间形成一个能包含全部或者大部分样本数据的最小容积超球体。若测试数据落在由样本数据训练形成的超球体内，则判别为目标样本，若测试数据落在该球体外，则判别为非目标样本。

现有一个目标样本集为$\{x_i, i = 1, 2, \cdots, n\}$。假设超球体$O$由函

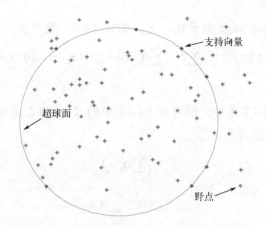

图 4-9 支持向量数据描述二维空间原理图

数 $f(x,w)$ 定义，半径为 R，则超球体应满足：

$$\min \varepsilon (R,a) = R^2, i = 1,2,\cdots,n \qquad (4\text{-}1)$$

约束条件为：

$$\left\| x_i - a \right\|^2 \leqslant R^2 \qquad (4\text{-}2)$$

在实际情况下，在目标样本之中极有可能会包含与样本差异较大的点，在此称之为野点。若一味追求经验风险的降低，则会导致形成球体半径过大，失去实际意义。因此，为降低超球体的半径受到野点的影响，提高算法的稳定性与可行性，应该允许样本点中有一部分点位于超球体之外，为此引入松弛因子 $\xi_i \geqslant 0, i = 1,2,\cdots,n$，限制条件变为：

$$\left\| x_i - a \right\|^2 \leqslant R^2 + \xi_i \qquad (4\text{-}3)$$

至此，式（4-1）转化为：

$$\min \varepsilon (R,a,\xi_i) = R^2 + C\sum_i \xi_i \qquad (4\text{-}4)$$

其中，C 被称为惩罚参数，作用是控制错分样本的惩罚程度，能够平衡超球体的体积及学习误差的大小，松弛度和惩罚参数的引入很好地体现了结构风险最小化原则。

使用 Lagrange 乘子 α_i，γ_i，则式（4-8）变换为

$$L(R,a,\xi,\alpha,\gamma) = R^2 + C\sum_{i=1}^{n}\xi_i - \sum_{i=1}^{n}\alpha_i\left[R^2 + \xi_i - (x_i \cdot x_i - 2a \cdot x_i + a \cdot a)\right] - \sum_{i=1}^{n}\gamma_i\xi_i$$

（4-5）

利用 KKT 条件分别对式（4-5）中的 R、a 和 ξ_i 求偏导，令其全部为 0，则有：

$$\begin{cases} \sum_{i=1}^{n}\alpha_i = 1 \\ \alpha = \sum_{i=1}^{n}\alpha_i x_i \\ \gamma_i = C - \alpha_i \end{cases}$$

（4-6）

由（4-6）式可知，α 是 α_i 的线性组合，由此可知：

$$0 \leqslant \alpha_i \leqslant C$$

（4-7）

将式（4-5）和式（4-6）代入式（4-4），得到优化后的 Lagrange 目标函数：

$$L(R,a,\xi,\alpha,\gamma) = \sum_{i=1}^{n}\alpha_i(x_i \cdot x_j) - \sum_{i=1,j=1}^{n}\alpha_i\alpha_j(x_i \cdot x_j)$$

（4-8）

现在的式（4-8）已经是一个标准的二次优化问题，对于此类问题已有标准求解算法，即对其求最小值得出 α_i 的最优解 α_i^*。在实际计算过程中，只有少数 $\alpha_i > 0$，其余 α_i 均为 0。也只有少数的不为 0 的 α_i 所对应的样本称为支持向量，决定 a 与 R 的值。$\alpha_i = 0$ 所对应的向量在计算中将被忽略，这也是这种方法计算效率高的一个重要原因。

其中，构成该球体的两个重要因素为球心及半径，球心可通过式（4-6）中的第二个公式求得，半径可通过式（4-9）求得：

$$R^2 = (x_{SV} \cdot x_{SV}) - 2\sum_{i=1}^{n}\alpha_i(x_i \cdot x_{SV}) + \sum_{i=1,j=1}^{n}\alpha_i\alpha_j(x_i \cdot x_j)$$

（4-9）

对于一个新的测试样本 z 而言，若需要判别其是否属于目标

样本，则需要计算该测试点距离该超球体球心的广义距离 D_z：

$$D_z^2 = \|z - a\|^2 = (z \cdot z) - 2\sum_{i=1}^{n} \alpha_i (z \cdot x_{SV}) + \sum_{i=1, j=1}^{n} \alpha_i \alpha_j (x_i \cdot x_j) \quad (4\text{-}10)$$

得到测试点距离超球体球心的距离后，若 $D_z \leqslant R$，则该测试点最终被判别为目标样本；若 $D_z > R$，则测试点为非目标点。进一步总结上述推理过程：

$$f_{SVDD}(z; a, R) = I(D_z \leqslant R^2)$$

$$= I(\|z - a\|^2 \leqslant R^2) = I\left((z \cdot z) - 2\sum_{i=1}^{n} \alpha_i (z \cdot x_{SV}) + \sum_{i=1, j=1}^{n} \alpha_i \alpha_j (x_i \cdot x_j) \leqslant R^2\right)$$

$$(4\text{-}11)$$

其中函数 $I(X)$ 定义为：

$$I(X) = \begin{cases} 1, & \text{当} X \text{为真} \\ 0, & \text{当} X \text{为假} \end{cases} \quad (4\text{-}12)$$

在上述的推理过程中用到了向量内积的运算 $x_i \cdot x_j$，根据 V. Vapnik 所提出的理论，通过将核函数 $K(x_i \cdot x_j)$ 来代替向量内积的运算，进而实现将低维空间的非线性的问题转化为在高维空间的线性问题，不同的核函数将原特征空间映射到不同的核空间。关于核函数的选择，本书选择常用且综合表现较好的高斯核函数。

虽然 SVDD 的研究已经有大量的研究成果，但该算法仍然存在一些问题。一方面，核函数的不同导致 SVDD 映射出的高维空间不同，因此，SVDD 算法的性能受核函数及其中参数的影响比较大，在确定核函数形式后，核函数参数的优化是需要解决的一个重要问题。另一方面，模型中惩罚参数选择较困难。在实际应用中，如果惩罚参数选择不适当，就无法使 SVDD 的分类性能得到有效提高。在 SVDD 算法中，训练样本的误检率由支持向量的比率决定，而支持向量数又受惩罚参数的影响，因此若保持惩罚参数不变，参数选择空间变小，这种情况下不能确保正常域模型的精度。图 4-10 给出了不同的核函数参数和不同的惩罚参数下的 SVDD 所获得的单值分类面，其中数据为 Prtools 工具箱中随机生成的二维图，其中第一排中的三个图中，惩罚参数均为 0.05，核函数参数分别为 3/5/9；第二排的三个图中，核函数参数均为 5，惩罚参数分别为 0.05/0.1/0.15。由图 4-10 可见，不同的核函数参

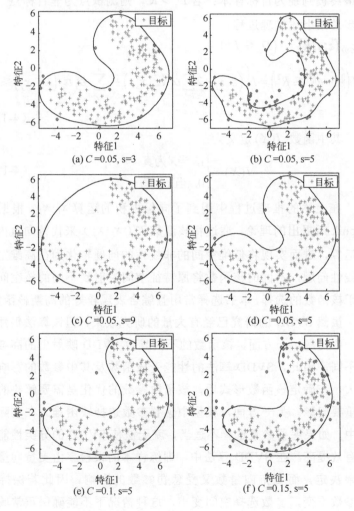

图 4-10　不同参数下的 SVDD 单值分类面图

数与惩罚参数所得到的 SVDD 单值分类的最佳分类边界相差较大，有的较为宽松，有的则较为紧凑。

4.3.2　基于粒子群的 SVDD 参数优化

如上所述，SVDD 在使用过程中，其核函数参数和惩罚参数对算法性能的影响均较大，因此，在参数确定时需要进行充分的优化。本书提出采用基于相似度权重动态调整的粒子群（dynamic particle swarm optimization，DPSO）算法用于进行核函数参数和惩罚参数的优化，进而为 SVDD 的性能发挥提供基础保障。本书采用 DPSO 算法进行上述两个参数的优化，以下对粒子群算法的基本原理和相似度权重动态调整方法进行简要介绍。

（1）标准粒子群算法

1995 年，James Kennedy 博士及 Russell Eherhart 博士共同提出了粒子群算法（particle swarm optimization，PSO）。该算法的本质是演化计算，将鸟群的栖息地抽象为寻求最优化问题中空间可能解的位置，通过个体间相互的信息传递，引导整个群体向可能解的方向移动，在求解过程中逐步增加发现较好解的可能性。该算法问世以来，在各个领域均得到了广泛应用，但是其缺点为容易陷入局部最优解，因此，有很多学者对算法进行了优化。

PSO 中，将寻求最优解的过程简化为粒子搜索问题空间过程，每一个粒子的位置的目标函数值都将被评价。每个粒子将根据自身所处历史位置及全局最优位置进行下一步的移动，移动过程同样受到随机因素的干扰。类似于鸟群合作寻觅食物，粒子群之间相互影响、相互作用，向着极大可能性的最优点移动。因此，将粒子群算法在空间坐标系中做如下数学描述：

在 D 维的连续搜索空间中，存在一个由 m 个粒子构成的群体，以某一速度飞行，群体中每一粒子在搜索过程，考虑到自身搜索得到的历史最优点以及群体内部（或者邻域内部）其余粒子所搜寻到的历史最优点，在这一基础上变换位置。假设粒子群中第 i 个粒子由 3 个 D 维向量构成，则这 3 个向量分别为当前位置 $x_i = (x_{i1}, x_{i2}, \cdots, x_{iD})$、历史最优位置 $p_i = (p_{i1}, p_{i2}, \cdots, p_{iD})$、速度 $v_i = (v_{i1}, v_{i2}, \cdots, v_{i3})$，其中 $i = 1, 2, \cdots, n$。

粒子的当前位置由空间点的坐标描述，算法每进行一次迭代，目标位置将会被作为问题的解进行评价，进而继续下一次迭代。整个粒子群中迄今为止搜索到的最好位置记为：$p_g = (p_{g1}, p_{g2}, \ldots, p_{gD})$。每个粒子 d 维的速度及位置按照下式更新：

$$v_{id} = v_{id} + c_1 \times rand() \times (p_{id} - x_{id}) + c_2 \times rand() \times (p_{gd} - x_{id}) \quad (4\text{-}13)$$

$$x_{id} = x_{id} + v_{id} \quad (4\text{-}14)$$

式中，加速度常数 $c_1 \geqslant 0, c_2 \geqslant 0$，且这两个常数体现了粒子的智能性，具有自我总结及向群体中的优秀个体学习的能力。$rand()$ 是 $[0，1]$ 范围内的随机函数。V_{max} 为用户设定的最大速度，粒子的速度被限制在 $[-V_{max}, V_{max}]$ 之间。

为进一步提高算法性能，Y.Shi 及 R.Eberhart 将惯性权重 ω 引入，它决定了历史速度对当前速度的影响程度，从而平衡了整个算法的全局寻优能力及局部寻优能力之间的矛盾，进而速度更新方程转化为：

$$v_{id} = \omega \cdot v_{id} + c_1 \cdot rand() \cdot (p_{id} - x_{id}) + c_2 \cdot rand() \cdot (p_{gd} - x_{id}) \quad (4\text{-}15)$$

Y.Shi 及 R.Eberhart 二人通过仿真得出权重在 $[0.9，1.2]$ 范围内时，算法的优化性能最佳，进而给出了通过迭代的进行，线性减小权重 ω 的值这一权重自适应策略。在此引入最大权重 ω_{max}、最小权重 ω_{min}、最大迭代代数 t_{max}，则权重 ω 随着迭代运行将做如下变化：

$$\omega = \omega_{max} - \frac{t}{t_{max}}(\omega_{max} - \omega_{min}) \quad (4\text{-}16)$$

这种权重线性变换的策略在算法的迭代初期具有较强的搜索能力，然而实际情况下，搜索过程通常为复杂的非线性过程，惯性权重的线性过度并不能真实反映搜索过程，并且在搜索的后期，粒子不容易跳出局部最优解。算法的基本流程如下。

步骤1：初始化。在D维问题空间中随机产生粒子的位置和速度。

步骤2：评价粒子。对每一个粒子，评价D维优化函数的适应值。

步骤3：更新最优。比较粒子的当前适应值与个体的历史最优值，若优于历史最优值，则当前位置更新成为个体历史最优值；比较粒子的适应值与全局粒子的最优值，若优于全局最优值，则当前位置更新为全局最优值。

步骤4：更新粒子。按照式（4-13）及式（4-14）更新粒子的速度及位置。

步骤5：终止条件。考察是否满足终止条件，满足则停止，若不满足返回步骤2。

（2）基于相似度权重动态调整的粒子群算法

由上一小节可知，按照惯性权重的线性调节方法，若粒子群全部收敛至目前的群体最优粒子p_g，则算法的迭代进化将会停滞，若此时的群体最优粒子p_g仅为局部最优粒子时，惯性权重达到最小值，粒子缺乏多样性，则粒子群将没有机会搜索其他区域，因此算法也无法得出目标函数的全局最优解。为了保持群体的多样性，当粒子聚集在最优位置p_g附近时，使粒子i位置x_i按群体聚集度$c(t)$和该粒子与最优粒子p_g的相似度$s(i,g)$随机变异，首先给出粒子相似度$s(i,g)$的概念。

定义4.4：两个粒子i和j的相似度$s(i,g)$必须满足下列准则：

① $s(i,i)=1$；

② 当$d(i,j) \to \infty$时，$s(i,j) \to 0$；

③ 对任何粒子 i 和 j，有 $s(i,j) \in [0,1]$。

依据上述相似度准则，本章将利用式（4-17）计算两个粒子 i 和 j 之间的相似度：

$$s(i,j) = \begin{cases} 1, & d(i,j) \leqslant d_{\min} \\ 1 - \left[\dfrac{d(i,j)}{s_{\max}}\right]^{\alpha}, & d_{\min} \leqslant d(i,j) \leqslant d_{\max} \\ 0, & d(i,j) \geqslant d_{\max} \end{cases} \qquad (4\text{-}17)$$

其中，$d(i,j)$ 为粒子 i 和 j 在空间中的欧氏距离；参数 $d_{\max}$ 和 $d_{\min}$ 均为常数，其取值需根据目标函数的搜索区域确定。α 为一常数。

在粒子群算法进行求解时，群体最优粒子 p_g 附近极有可能存在真正的全局最优解。此时如果权重很大，则最优粒子 p_g 有可能跳出邻域范围，因此应该降低粒子此时的飞行速度，使其在最优粒子附近仔细搜索。由式（4-16）可知，粒子距离最优粒子越近，飞行速度越倚重于自身权重。为达到经历每一次最优解 p_g 邻域的目的，应降低靠近最优解 p_g 的粒子的飞行速度，即与最优粒子相似度最高的粒子权重减小，使其在 p_g 邻域范围内进行精细搜索，而不承担全局范围的搜索。与最优粒子 p_g 相似度较低的粒子权重较大，使其在全局范围内依旧保持较高的搜索能力，不易陷入局部最优解。综上所述，基于相似度权重动态调整的思路为：不同粒子的惯性权重不仅随着迭代次数的增加而减少，并且随着与当下最优粒子 p_g 的相似度的增加而减少。

设置两个距离参数分别为最大距离 $d_{\max}$ 及最小距离 $d_{\min}$，t 为迭代代数，依据式（4-17）计算相似度 $s(i,j)$。当粒子之间的相似度为 0 时，粒子的惯性权重为当下迭代的最大权重 $\omega_{\max}$，当相似度为 1 时，惯性权重为当下迭代权重的最小权重 $\omega_{\min}$，当相似度处于 [0，1] 之间，其权重应随着相似度单调递减，因此，计算公式为：

$$\omega_i = \omega_{\max} - s(i,g)(\omega_{\max} - \omega_{\min}) \qquad (4\text{-}18)$$

$$\omega_i = \omega_{\min} - (\omega_i - \omega_{\min})\frac{t_{\max} - t}{t_{\max}} \qquad (4\text{-}19)$$

进一步总结 DPSO 算法，步骤如下。

步骤 1：初始化，随机产生 n 个粒子位置及初始速度。

步骤 2：评价每个粒子的适应值。

步骤 3：确定迄今为止每个粒子的最好位置 p_i；确定迄今为止全局最好位置 p_g。

步骤 4：依据式（4-17）计算每个粒子与全局最优粒子 p_g 的相似度，并根据式（4-18）及式（4-19）计算粒子权重。

步骤 5：根据式（4-14）及式（4-15）更新粒子的速度及位置。

步骤 6：查看是否满足迭代停止条件，若满足，则停止；若不满足，则返回步骤 2。

（3）PSO 和 DPSO 的算法性能对比

为了讨论本章所选的 DPSO 算法对最优解的整体搜寻能力，并与标准 PSO 进行对比，在此选择寻优算法常用的几个测试函数对两种算法的性能进行对比测试。测试函数分别为 Rosenbrock 函数、Rastrigin 函数、Griewank 函数及 Ackley 函数，图 4-11 为 4 个函数的三维空间图，从空间图可知 4 个测试函数既有单峰函数又有多峰函数，可以较好地测试算法的寻优能力。

① Rosenbrock 函数

$$f_{\text{Ro}} = \sum_{i=1}^{29}\left[100(x_{i+1} - x_i^2) + (x_i - 1)^2\right] \qquad (4\text{-}20)$$

搜索范围：$-30 \leqslant x_i \leqslant 30$；

整体最优值：$\min(f_{\text{Ro}}) = f_{\text{Ro}}(0,0,\cdots,0) = 0$。

② Rastrigin 函数

$$f_{\text{Ra}} = \sum_{i=1}^{30}\left[x_i^2 - 10\cos(2\pi x_i) + 10\right] \qquad (4\text{-}21)$$

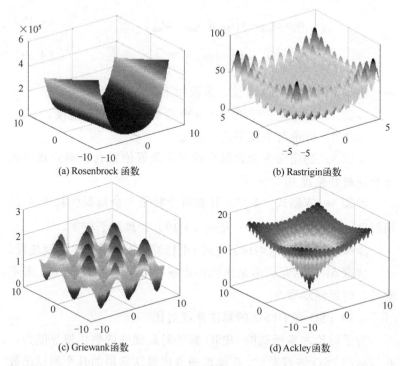

(a) Rosenbrock 函数

(b) Rastrigin函数

(c) Griewank函数

(d) Ackley函数

图 4-11　四个算法测试用函数三维空间图

搜索范围：$-5.12 \leqslant x_i \leqslant 5.12$；

整体最优值：$\min(f_{\mathrm{Ra}}) = f_{\mathrm{Ra}}(0,0,\cdots,0)$。

　③ Griewank 函数

$$f_{\mathrm{Gr}} = \frac{1}{4000}\sum_{i=1}^{30}x_i^2 - \cos\prod_{i=1}^{30}\frac{x_i}{\sqrt{i}} + 1 \qquad (4\text{-}22)$$

搜索范围：$-5.12 \leqslant x_i \leqslant 5.12$；

整体最优值：$\min\left(f_{\mathrm{Gr}}\right) = f_{\mathrm{Gr}}(0,0,\cdots,0) = 0$。

　④ Ackley 函数

$$f_{\mathrm{Ac}} = -20\exp\left(-0.2\sqrt{\frac{1}{30}\sum_{i=1}^{30}x_i^2}\right) - \exp\left(\frac{1}{30}\sum_{i=1}^{30}\cos\left(2\pi x_i\right)\right) + 20 + e \qquad (4\text{-}23)$$

搜索范围：$-32 \leqslant x_i \leqslant 32$；

整体最优值：$\min(f_{Ac}) = f_{Ac}(0, 0, \cdots, 0) = 0$。

图 4-12 为本章所用算法与标准 PSO 算法对上述 4 个测试函数进行寻优的过程，为叙述方便，下面将基于相似度权重动态调整的粒子群算法简称为 DPSO。通过图 4-12 可知，本章选用的 DPSO 算法及标准 PSO 算法在前期收敛速度均较快，然而从图 4-12（c）中可以看到，标准 PSO 算法在初始迭代过程中就停止了下降，说明其更易受到局部最优值的干扰而无法找到整体最优值；就适应度而言，DPSO 相较于标准 PSO 效果更佳。

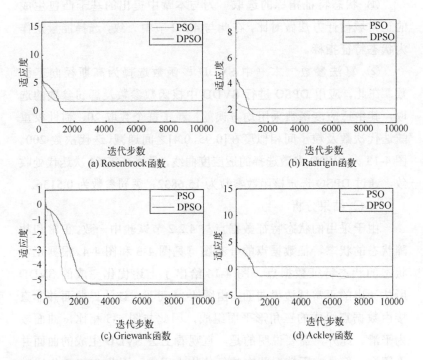

图 4-12　标准 PSO 和 DPSO 的算法性能对比

4.3.3 基于支持向量数据描述的正常域估计试验及结果分析

（1）数据集介绍

此试验所用数据集与 3.2.2 节中相同，此处不再介绍。

（2）试验分组

从 3.2.2 节中的试验结果可知，数据采样频率对本书试验影响不大，故此处以 48kHz 采样的驱动端数据为例进行多状态辨识的试验。

（3）参数确定

① 状态特征指标的选取　为与本章中提出的基于凸包生成的正常域估计方法做对比，在此与 4.2.2 节中一致，选择能量矩作为状态特征指标。

② 算法参数　本书中 SVDD 核函数选择为高斯径向基函数。在此，应用 DPSO 进行 SVDD 中核函数参数及惩罚参数的选取，其中适应度函数采用均方误差，粒子群个数取 20，惯性权重随迭代次数及粒子间相似度在[0.95, 0.4]之间递减，迭代次数 200。图 4-13 为 SVDD 参数选择的适应度曲线，最终在第 64 次迭代处收敛，通过 DPSO 选定核函数参数为 15.6832，惩罚参数为 0.5136。

（4）结果分析

由于采用的状态特征数据点与 4.2.2 节试验中一致，正常和故障状态的状态特征数据点的分布图可见图 4-3 和图 4-4。根据正常状态的状态特征数据点，图 4-14 给出了上述优化完成的 SVDD 所估计出的正常域边界曲面。由图 4-14 可见，该边界曲面并非直接由数据点组成的三角形平面组成，因此与图 4-5 相比，曲面较为平滑。此外，需要说明的是，直观看上去 SVDD 生成的曲面并不闭合，但是实际情况状态特征值均大于零，因此 SVDD 生成的曲面与坐标轴平面可构成闭合曲面，则此整个闭合曲面为正常域边界曲面。

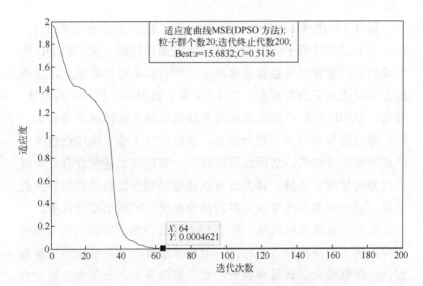

图 4-13　SVDD 参数优化的 DPSO 适应度曲线

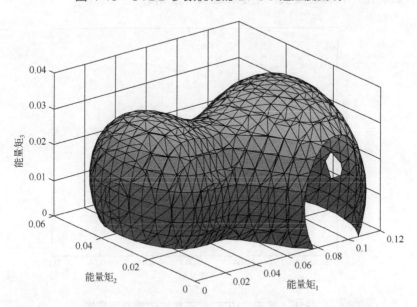

图 4-14　基于 SVDD 的正常域边界曲面（能量矩第 1~3 维数据点）

图 4-15~图 4-17 给出了图 4-14 的三维曲面分别在第 1-2，2-3，3-1 三个坐标平面上的投影。由投影图清晰可见，SVDD 所生成的曲面能够完全包含正常状态的所有状态特征数据点，且不包含故障状态下的数据点。与 4.2.2 节中的图 4-6~图 4-8 相对比，可见，SVDD 所生产的正常域边界曲面所包含的区域范围更大，即正常域边界相对来说较为宽松，鲁棒性优于基于快速凸包生成的正常域估计结果，实际应用时可在一定程度上避免没有异常时误报警的情况。此外，该方法可以通过惩罚参数的调整和野点的设置，进一步增加正常域边界的弹性程度，扩展正常域范围。

另外，需要说明的是，基于 SVDD 的与基于快速凸包生成的两种正常域边界估计方法相比，前者算法复杂且需事先进行参数优化，计算量大、计算耗时长；后者算法简单，无须另外进行参数优化，计算速度快，便于在线实时更新。

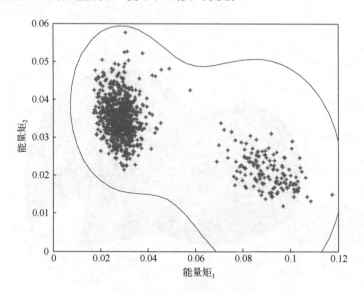

图 4-15 基于 SVDD 的正常域边界曲面投影
（在第 1、2 维能量矩平面上）

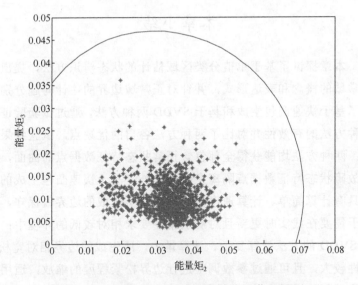

图 4-16　基于 SVDD 的正常域边界曲面投影
（在第 2、3 维能量矩平面上）

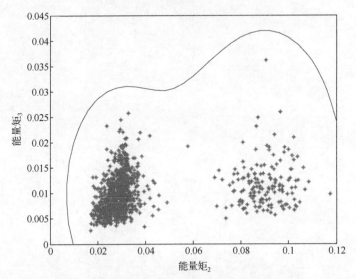

图 4-17　基于 SVDD 的正常域边界曲面投影
（在第 1~3 维能量矩平面上）

本章小结

　　本章探讨了基于单值分类区域估计的状态辨识方法，提出了正常域的概念和表达形式，并针对正常域边界的估计问题分别提出了基于快速凸包生成和基于 SVDD 两种方法，通过试验验证了两种方法的有效性并对比了两种方法各自的优缺点。试验结果显示：两种方法均能获得全部包含正常状态特征数据点的曲面，并将故障状态特征数据点隔离在曲面之外；基于快速凸包生成的方法具有计算简单、计算速度快的优点，所生成的边界偏保守，适用于需要在线实时更新且对辨识精度要求相对较低的环境中；基于 SVDD 的方法计算复杂、计算量大，所生成的边界相对宽松、弹性较大，且可通过参数调整进行边界松紧程度的缩放，适用于离线更新且对辨识精度要求相对较高的环境。

第5章
基于状态监测的剩余寿命预测方法

设备剩余寿命预测是实现基于状态的维修（condition based maintenance，CBM）的关键技术之一，准确的剩余寿命预测对维修决策的优化起着重要的指导作用。特别地，当设备的未来状态能够准确预测后，对确定其维修检测间隔期和开展以可靠性为中心的维修（reliability-centered maintenance，RCM）将大为方便。而且现代维修策略的制定越来越依赖于设备当前状态，而不是按照固定维修计划按部就班，这就需要准确预测出设备未来退化的发展趋势。因此，为保障印后设备安全稳定地运行，对关键部件进行早期故障识别并预测其剩余寿命显得尤为重要。尽管针对某些通用的关键部件已有成熟公式化的寿命预测方法，但公式中参数往往是固定不变的，无法适应设备状态参数频繁变化的情况，因此本章采用了基于状态监测的寿命预测方法进行尝试。

本章内容是在本书第 3 章和第 4 章研究的基础上，进一步向现场应用贴近，对现场工作具有一定指导意义的研究。本章基于对状态辨识方法的研究结果，研究探讨了基于状态监测的剩余寿命预测方法，并通过实验对不同的寿命预测方法进行了比较和验证。

5.1 基于状态监测的寿命预测方法

针对某一类设备，基于状态监测的寿命预测主要是指在设备 P 运行的某一时刻 t，根据监测的设备 P 运行状态以及同类设备的历史数据，预测设备 P 由当前时刻直到失效的剩余寿命（remaining useful life，RUL）。在此，历史数据可以是从开始运行到失效的过程中的状态监测数据，也可以是失效时间数据等事件数据，或二者的综合。一般将剩余寿命表示为：

$$RUL_P(t) = T - t \mid T > t, X(t) \tag{5-1}$$

式中，T 为失效的时刻；t 为当前时刻；向量 $X(t)$ 为 t 时刻的状态变量。

更全面地，将式（5-1）进行扩展：

$$T - t \mid T > t, X(u), \left[X_{Hj}(v), E_{Hj} \right] \tag{5-2}$$

式中：$u \in [0,t]$；向量 $X_{Hj}(v)$ 为同类设备 j 在其运行时刻 v 的状态数据，$v \in [0, T_{Hj}]$，T_{Hj} 为同类设备 j 失效的时刻，$j = 1, 2, \cdots, L$，L 为可获得历史数据的同类设备的个数；向量 E_{Hj} 为同类设备 j 的事件数据，一般是失效时刻的数据。

剩余寿命预测即指预测变量 $T-t$ 的期望，即

$$E\left\{ T - t \mid T > t, X(u), \left[X_{Hj}(v), E_{Hj} \right] \right\} \tag{5-3}$$

目前，剩余寿命预测方法主要有基于物理的方法和基于经验的方法两大类。基于物理的方法是依据设备特定的机械结构、动力学特性和在线监测数据进行寿命预测，常见的有裂纹扩展模型、碎裂增长模型等。但基于物理的方法需要进行停机检查，这在工作现场一般是不允许的，且精确完备地建立设备的物理模型往往十分困难。这就催生了直接基于设备状态监测数据，无需物理模

型的方法——基于经验的方法。基于经验的方法，其本质是数据驱动的方法，该方法依据状态监测数据和同类设备的历史数据，在线预测设备的剩余寿命。该方法无须建立对象的物理模型，避免了机理建模等难以实现的工作。因此在针对印后设备运行安全关键设备这类研究对象，基于经验的方法相对来说更加合适。

对于基于经验的方法，目前文献中尚无明确的分类，在此按照"监测状态—剩余寿命"之间的不同联系，可将现有的基于经验的方法大致分为三种：基于状态特征的直接映射方法、基于统计回归的方法和基于相似性的方法，以下分别对三种方法进行简要介绍。

5.1.1 基于状态特征的直接映射方法

基于状态特征的直接映射方法，简称直接映射法，是最简单也是最直接的一种剩余寿命预测方法，该方法仅依靠设备的状态特征，不考虑设备的运行时间和可靠性等因素。这种方法的基本思想是：针对同一型号的设备，在获取了该设备的全寿命周期的状态数据后，提取不同时刻的状态特征量，直接建立不同时刻的状态特征量与相应时刻剩余寿命之间的映射模型，进行寿命预测时，将设备某一时刻的状态特征输入该模型，即可获得该时刻的剩余寿命。

这种方法在使用时，需要完成以下两项主要工作：

第一，获取设备的全寿命周期的状态数据，从中提取状态特征，并使得状态特征能够尽量灵敏地反映状态变化。

第二，建立状态特征到剩余寿命的映射模型，映射模型必须在保证足够精度的前提下，具有较好的泛化能力，以适应设备不同的工作环境。

这种方法的优点主要体现在直观且易于操作，仅考虑状态特征，无须考虑其他因素，且目前状态特征提取算法的不断发展，基于人工智能的建模方法众多且性能优越，更有利于该方法的实现。

该方法的优点同样带来了缺点，该方法仅考虑设备状态特征，忽略了设备可靠性等因素，导致其精确度普遍较低。由于其仅依赖状态特征，对状态特征提取技术要求较高，同时受状态特征取值波动的影响也较大。另外，该方法中映射模型的精度和泛化性能也至关重要，可直接决定该方法的预测准确度。

如需预测未来时刻的剩余寿命，则需首先预测出未来时刻的状态特征，代入映射模型即可获得所求时刻的剩余寿命。

该方法一般适用于在设备开始运行到失效的全寿命期间，随运行时间的增大，设备状态持续并逐渐变化的情况，若设备在某一运行阶段的状态特征无明显变化趋势，则此阶段预测到剩余寿命也将基本保持不变，无法与实际情况复合。

5.1.2　基于统计回归的方法

基于统计回归的方法，其本质是认为设备的失效概率会受到设备实时状态的影响，因此将监测到的设备状态与失效概率分析相结合，进行设备的剩余寿命预测。该方法往往需根据同类设备的历史数据建立起设备失效概率、设备监测状态以及设备运行时间三者之间的联系，得到一个函数模型。在设备运行的当前时刻 t，需要获得设备状态特征量，并将该状态特征量和时间 t 代入上述函数模型，进而求取设备失效概率分布的期望值以预测设备在 t 时刻的剩余寿命。

该方法的优点是综合考虑了基于统计概率的性能指标和基于状态监测的特征变量指标，预测精度较高且适用范围比较广泛。但该方法往往需要较多同类设备的历史数据对函数模型中的参数进行估计，而参数值的大小对方法性能往往有较大影响。

　　与基于状态特征的直接映射方法一样，如需预测未来时刻的剩余寿命，则需由历史和当前的状态特征量预测出未来时刻的状态特征。

　　在基于统计回归的方法中，失效概率的分析多基于可靠性理论进行，较常用的有隐马尔科夫链模型、逻辑回归（logistic regression）方法和比例风险模型等，但从已有研究成果来看，比例风险模型的性能比较优越。

5.1.3　基于相似性的方法

　　基于相似性的方法，其基本思想是利用已知的多个同类设备在某一状态特征下的剩余寿命值，根据已知的多个同类设备与剩余寿命未知的设备之间的相似性大小，将多个设备的剩余寿命进行加权平均得到待预测的设备的剩余寿命。也就是说，更明确地，如果某一正在运行的设备，其最近的状态特征指标与一个同类设备（参照样本）某段时间内（T_1，T_1+t）的状态特征指标相似，则该在役设备的剩余寿命与参照样本在时间段（T_1，T_1+t）后的剩余寿命相似。若有多个剩余寿命相似的参照样本，则此在役设备的该时间段后的剩余寿命为多个参照样本（T_1，T_1+t）后的剩余寿命的加权平均。其中，每个参照样本的权值根据在役设备与各参照样本之间的相似性计算得到，而相似性的大小需进一步根据各参照样本在失效过程中的状态监测数据确定。

　　基于相似性的方法的优点主要体现在，其能在设备离失效尚远时进行长程预测，尤其在设备使用初期就能较好地预测剩余寿命，且在设备型号相同且工况相同的情况下，其预测准确度较高。

　　但这种方法需要较多的同类型设备作为参照样本，且参照样本需要具有运行过程中某一时刻直至失效时的状态特征指标的连续变化记录，以及失效时间。同时，在选定某一种相似性测度进行相似性估计时，如果状态特征是多维变量，则面临将多维映射到一维的问题，目前在学术界这仍是一个开放命题。

与另外两种方法不同，在进行未来时刻的剩余寿命预测时，基于相似性的方法能够减轻状态特征预测建模的负担，甚至无须进行状态特征预测建模。

5.2 比例风险模型

比例风险模型（proportional hazard model，PHM）是基于统计回归的寿命预测方法中的一种，最早由 Cox 在 1972 年提出，之后很快成为一种统计数据分析工具，并逐步在生物医学领域得到应用，现已成为生物医学领域统计分析的主要工具之一。在可靠性工程领域中，比例风险模型的研究和应用相对较少，尤其是在 CBM 的研究中，其多用于维护时序规划，在寿命预测方面相关的成果有限。但是近年来，随着比例风险模型研究应用的深入和推广，越来越多的学者对其产生兴趣，进行了相关研究工作，也取得了一些成果。

比例风险模型能够较好地将设备的可靠性数据与状态监测数据相结合，综合设备运行的寿命信息和各种状态信息，有效地将状态信息用于设备可靠性分析及剩余寿命预测，且该模型能够有效利用未失效设备的删失数据。

使用比例风险模型进行设备的剩余寿命预测时，需要完成样本数据采集、参数估计、寿命预测三个基本步骤，因此以下首先介绍比例风险模型的基本形式，然后分别在样本数据、参数估计、寿命预测三个方面对使用比例风险模型进行寿命预测的过程做简要介绍。

5.2.1 基本形式

包含时变协变量的比例风险模型的基本形式如下：

$$\lambda(t,\boldsymbol{X}) = \lambda_0(t)g(\boldsymbol{X})$$
$$= \lambda_0(t)e^{\boldsymbol{X\beta}}$$

（5-4）

式中，$\lambda(t,\boldsymbol{X})$ 为失效率函数，与时间 t 和协变量 $\boldsymbol{X}$ 有关；$\lambda_0(t)$ 为基底失效率函数，也称标准失效率函数，只与时间 t 有关，其可以是参数化的，也可以是非参数化的；$g(\boldsymbol{X})$ 是协变量 $\boldsymbol{X}$ 的指数函数；$\boldsymbol{X}(t) = [x_1(t), x_2(t), \cdots, x_m(t)]$ 是在时间 t 影响系统失效概率的协变量矢量，常用系统的退化指标作为协变量，m 为协变量矢量的维数；$\boldsymbol{\beta} = [\beta_1, \beta_2, \cdots, \beta_m]^T$ 是回归参数矢量。

协变量 $\boldsymbol{X}$ 是表征设备运行状态的状态特征量，一般由状态监测数据进行一定运算提取得到。当协变量 $\boldsymbol{X}$ 为常数时，$\lambda(t)$ 与 $\lambda_0(t)$ 是成比例的，故此模型称为比例风险模型。

比例风险模型中可以选 Weibull 分布、对数正态分布等作为基底失效率函数。其中 Weibull 分布既能刻画失效率随时间上升的失效数据，也能刻画失效率随时间下降的失效数据，且机电设备的寿命一般服从二参数 Weibull 分布，故基底失效率函数 $\lambda_0(t)$ 选为如下的二参数 Weibull 分布。

$$\lambda_0(t) = \frac{\gamma}{\eta}\left(\frac{t}{\mu}\right)^{\gamma-1}$$

（5-5）

式中，γ 为 Weibull 分布的形状参数，$\gamma > 0$；η 为 Weibull 分布的尺度参数，$\eta > 0$。

将式（5-5）代入式（5-4），可得

$$\lambda(t,\boldsymbol{X}) = \left[\frac{\gamma}{\eta}\left(\frac{t}{\mu}\right)^{\gamma-1}\right]\exp(\boldsymbol{X\beta})$$

（5-6）

式（5-6）所示即为本章所用的比例风险的模型的基本形式。

5.2.2　样本数据

在应用比例风险模型前，需要确定式（5-6）中的 γ、η、β 三个参数的值，即参数估计。假设存在可靠性实验中最常采用的随机右删失数据，则在进行参数估计时，需要具备下列数据：

① 设备从开始运行至失效或删失的时间；

② 设备从开始运行至失效或删失的过程中的协变量矢量；

③ 事件指示性变量 δ，当 $\delta = 0$ 时，表示设备未失效，接收删失，数据为右删失（截尾）数据，当 $\delta = 1$ 时，表示设备失效，数据为设备失效时的数据。

用于参数估计需要的样本数据形式为

$$DataSet(i) = (t_i, \boldsymbol{X}_i, \delta_i) \qquad i = 1, 2, \cdots, N \qquad (5\text{-}7)$$

式中，$DataSet(i)$ 为数据集中第 i 个样本；t_i 为第 i 个样本的失效或删失的时间；$\boldsymbol{X}_i$ 为第 i 个样本的协变量矢量，即第 i 个样本的状态特征量；δ_i 为第 i 个样本的指示性变量；N 为数据集中所有样本的个数。

5.2.3　参数估计

极大似然估计具有优良的统计性质和较好的近似分布，同时考虑样本数据中含有删失数据的情况，故一般采用极大似然方法来得到模型中各有关参数的估计值。

设有 N 个样本数据，则模型的似然函数为：

$$l\left[\gamma, \eta, \boldsymbol{\beta} \mid DataSet(1, 2, \cdots, N)\right] = \prod_{i=1}^{N}\left\{\left[\lambda_i\left(t_i, \boldsymbol{X}_i\right)\right]^{\delta_i} R_i\left(t_i, \boldsymbol{X}_i\right)\right\} \qquad (5\text{-}8)$$

式中，$\lambda_i\left(t_i, \boldsymbol{X}_i\right)$ 为样本 i 的失效率函数，如下：

$$\lambda_i\left(t_i, \boldsymbol{X}_i\right) = \left[\frac{\gamma}{\eta}\left(\frac{t_i}{\mu}\right)^{\gamma-1}\right]\exp\left(\boldsymbol{X}_i \boldsymbol{\beta}\right) \qquad (5\text{-}9)$$

$R_i(t_i, \boldsymbol{X}_i)$ 为样本 i 的可靠度函数,可由如下积分得到:

$$R_i(t_i, \boldsymbol{X}_i) = \exp\left\{-\int_0^{t_i} \lambda_i\left[v, \boldsymbol{X}_i(v)\right]\mathrm{d}v\right\} \tag{5-10}$$

一般对式(5-8)去自然对数后将方便后继处理,由此得

$$\ln l\left[\gamma, \eta, \boldsymbol{\beta} \middle| DataSet(1,2,\cdots,N)\right] = \sum_{i=1}^N \delta_i \ln\lambda_i(t_i, \boldsymbol{X}_i) \\ - \sum_{i=1}^N \int_0^{t_i} \lambda_i\left[v, \boldsymbol{X}_i(v)\right]\mathrm{d}v \tag{5-11}$$

将式(5-9)代入式(5-11),得

$$\ln l\left[\gamma, \eta, \boldsymbol{\beta} \middle| DataSet(1,2,\cdots,N)\right] = \sum_{i=1}^N \delta_i\left[\ln\gamma + (\gamma+1)\ln t_i - \gamma\ln\eta + \boldsymbol{X}_i\boldsymbol{\beta}\right] \\ - \sum_{i=1}^N \int_0^{t_i}\left[\frac{\gamma v^{\gamma-1}}{\eta^\gamma}\exp(\boldsymbol{X}_i\boldsymbol{\beta})\right]\mathrm{d}v \tag{5-12}$$

将所有的 N 个样本数据代入式(5-12),由极大似然估计可得三个参数的值 $\hat{\gamma}$、$\hat{\eta}$、$\hat{\boldsymbol{\beta}}$。由于式(5-12)比较复杂,在求解该函数的最大值时,常采用遗传算法、单纯形、Netwon-Raphson 法等进行。

本章在后续的仿真实验中,采用遗传算法进行比例风险模型的参数估计,以下对遗传算法进行简单介绍。

遗传算法(genetic algorithm,GA)是模仿自然界生物进化机制发展起来的随机全局搜索方法和优化方法。其基本思想是将优化问题的可能解看作染色体,问题的对象函数用染色体的适应度函数表示,依据某种评价标准评价初始种群的每个染色体,并根据其适应度进行遗传操作,适应度大的染色体被保留,否则被淘汰,从而得到新种群,再施加自然选择法则,使新种群优于上一代,直到达到预定优化目标。

图 5-1 为遗传算法的基本流程,其中选择、交叉和变异的过程是模拟生物进化机制的过程,经过若干次进化后,可获得使得

适应度函数最大（或最小）的个体，即最佳个体，最佳个体即包含了所需估计的各个参数。

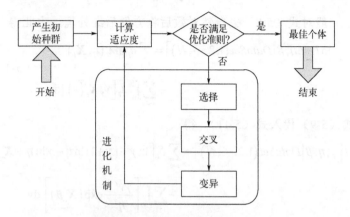

图 5-1　遗传算法的基本流程

5.2.4　寿命预测

获得 $\hat{\gamma}$、$\hat{\eta}$、$\hat{\boldsymbol{\beta}}$ 的值后，给定某一设备从开始运行至当前时间 t 的状态特征量 $\boldsymbol{X}(t)$，则其在时间 t 的失效概率函数

$$\lambda\left[t, \boldsymbol{X}(t)\right] = \left(\frac{\hat{\gamma} t^{\hat{\gamma}-1}}{\hat{\eta}^{\hat{\gamma}}}\right) \exp\left[\boldsymbol{X}(t)\hat{\boldsymbol{\beta}}\right] \tag{5-13}$$

则在时间 t 的可靠度可估计为

$$R\left[t, \boldsymbol{X}(t)\right] = \exp\left\{-\int_0^t \lambda\left[v, \boldsymbol{X}(v)\right] \, \mathrm{d}v\right\}$$

$$= \exp\left\{-\int_0^t \left(\frac{\hat{\gamma} v^{\hat{\gamma}-1}}{\hat{\eta}^{\hat{\gamma}}}\right) \exp\left[\boldsymbol{X}(t)\hat{\boldsymbol{\beta}}\right] \mathrm{d}v\right\} \tag{5-14}$$

由式（5-14）预测 t 时刻的剩余寿命 RUL：

$$RUL\left[t, \boldsymbol{X}(t)\right] = E\left(T - t \mid T > t\right)$$

$$= \int_0^{+\infty} R\left[t, \boldsymbol{X}(t)\right] \mathrm{d}t$$

$$= \int_0^{+\infty} \exp\left\{-\int_t^{t+\tau} \lambda\left[v, \boldsymbol{X}(v)\right] \, \mathrm{d}v\right\} \mathrm{d}\tau$$

$$= \int_0^{+\infty} \exp\left\{-\int_t^{t+\tau} \left(\frac{\hat{\gamma}t^{\hat{\gamma}-1}}{\hat{\eta}^{\hat{\gamma}}}\right) \exp\left[\boldsymbol{X}(v)\hat{\boldsymbol{\beta}}\right] \, \mathrm{d}v\right\} \mathrm{d}\tau \tag{5-15}$$

如需预测未来时刻某时刻 t' 的剩余寿命，须先预测 t' 时刻的状态特征量 $\boldsymbol{X}(t')$，并代入式（5-15）即可。

5.3　实例验证及结果分析

尽管在机械工程领域，关于滚动轴承的寿命预测已有成熟的公式可用，但印后设备滚动轴承是在变载荷、变转速、变温度、变噪声等动态时变环境中运行，采用公式无法进行基于状态的灵活的寿命预测。因此，本节仍然采用印后设备滚动轴承为实例，通过实验进行基于状态特征和 PHM 的剩余预测方法的性能验证。

本章实验所用实验数据为滚动轴承的全寿命振动数据，由美国智能维护系统中心（Center for Intelligent Maintenance Systems，IMS）提供，获取实验数据的现场设备如图 5-2 所示。实验所用轴承为 Rexnord ZA-2115 型双列滚动轴承，工作转速为 2000r/min。在轴箱外壳上加装了美国 PCB 公司的 353B33 型高灵敏度加速度传感器。数据采集由美国 NI 公司的 6062E 型数据采集卡完成，采样频率 20kHz。全寿命数据采集从轴承安装上开始运行直到轴承故障为止，每隔 10min 进行一次采样，每次采样时间 10s。

本章实验所选用的实验轴承从开始到故障共工作约 360h，为减轻模型计算负担，在采集到的所有振动数据中等间隔选择了 210 段振动数据，每段数据包含 10s 的振动加速度数据。

获得全寿命振动数据后，采用本书第 4 章中所述的基于

LMD+统计状态特征提取的方法，提取每段数据的 T^2 和 SPE 两统计量控制限作为滚动轴承的二维状态变量，将此状态变量用于基于状态特征和基于 PHM 的寿命预测实验中。图 5-3 和图 5-4 分别为所提取的 T^2 控制限和 SPE 控制限随轴承运行时间的变化曲线图。

图 5-2　全寿命振动数据采集实验台

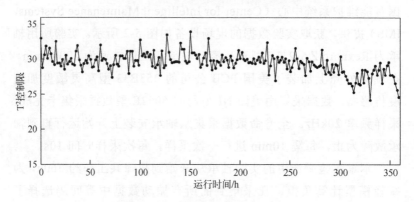

图 5-3　T^2 控制限随运行时间的变化

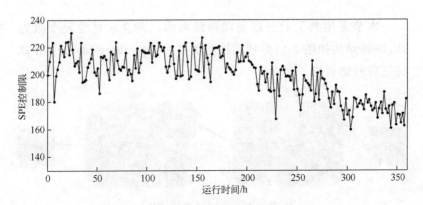

图 5-4　SPE 控制限随运行时间的变化

由图 5-3 和图 5-4 可见：在运行时间 250h 前，T^2 控制限的变化不大，250~300h 之间，随运行时间的增大，T^2 控制限有轻微的下降趋势，在 300h 后，T^2 控制限的下降趋势较明显；在运行时间 200h 前，SPE 控制限无明显变化趋势，200h 后，有较明显的下降趋势，且下降幅度比 T^2 控制限明显。

这一结果表明，作为统计状态特征的 T^2 和 SPE 控制限，在表征滚动轴承状态变化上灵敏度较高，在故障前运行状态恶化时就能够有所表现，又一次说明本书提出的统计状态特征提取方法的有效性。此外，这一结果与本书第 4 章中 4.3.2 节中的安全域估计结果——安全域基本分布在两统计状态特征值较大的区域相符合。

5.3.1　基于直接映射方法的剩余寿命预测

为验证基于状态特征的剩余寿命预测方法的性能，本节根据已经提取的二维统计状态特征，采用神经网络，建立了状态变量与剩余寿命间的映射关系。神经网络具有强大的自学习功能，泛化能力较好，能够拟合复杂的非线性关系，是进行非线性映射建模的常用工具。

本节采用典型的三层前向神经网络，隐含层神经元个数为 10，网络结构如图 5-5，并使用性能优越的 Levenberg-Marquardt 算法进行网络训练。

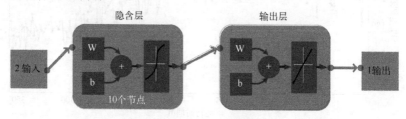

图 5-5　神经网络的结构

训练此神经网络时，210 个状态变量与相对应的剩余寿命组成 210 个数据对，从其中随机选择总量的 85%，即 178 个数据对作为训练样本，剩余的 32 个数据对作为测试样本。

图 5-6 给出了训练样本的均方差随迭代次数的变化曲线。由图 5-6 可见，经过 12 次训练，训练数据的误差已经稳定，说明神经网络经过训练已经具有稳定的性能。图 5-7 给出了 178 个训练样本的目标输出和神经网络输出的对比。由图 5-7 可见：前 100 个

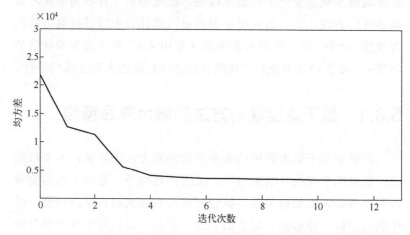

图 5-6　神经网络训练样本的均方差随迭代次数的变化曲线

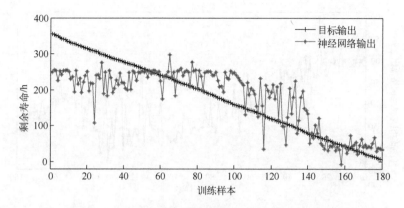

图 5-7　训练样本的目标输出与神经网络输出的对比

样本点的神经网络输出并无明显的下降趋势，无法跟踪剩余寿命的减少；在 100 个样本点后，神经网络的输出有较明显的下降趋势，但第 110~140 个训练样本所得到的神经网络输出有较大的幅值波动，因此该区间内的目标输出与神经网络输出的差值也较大；此后的第 141~178 个训练样本的神经网络输出与目标输出较接近，且幅值的波动较小。

图 5-8 给出了每个训练样本的目标输出与神经网络输出的差值。可见，在前 100 个样本点，由于神经网络输出无明显减小趋势，故其与目标输出的差值随目标输出的降低而降低，从 +100h 降至 −100h，此后的第 110~140 个训练样本的差值随神经网络输出的波动亦有较大波动，而此后的 141~178 个样本点的两输出的差别较小，基本稳定在 ±40h 范围内。

对造成这一结果的原因进行分析，可得以下结论。

① 基于状态特征的剩余寿命预测方法仅仅依靠状态变量的变化来获得某一状态变量下的剩余寿命，而对于滚动轴承来说，其运行完全正常时的状态变量并无明显的变化趋势，因此在运行完全正常时仅仅基于状态变量得到的剩余寿命也无明显变化，即

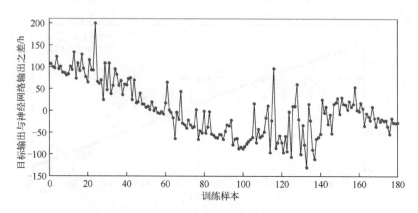

图 5-8　训练样本的目标输出与神经网络输出的差值

前 100 个样本点（约对应于运行时间的前 200h）的神经网络输出无显著下降趋势。

②　当滚动轴承运行状态逐渐劣化，并劣化至状态特征能够有所表征的时候，由状态变量得到的剩余寿命才能够表现出下降趋势，但剩余寿命预测精度仅依赖于状态变量，而在轴承运行过程中，状态变量很少出现平滑变化的情况，大多是在有明显变化趋势的基础上伴有幅值波动的现象，如图 5-3 和图 5-4 所示，因此得到的剩余寿命也将在逐渐下降的基础上有上下浮动。由图 5-7 可知，训练样本 110~140 间（对应于运行时间的 217~277h）得到的剩余寿命值有较大浮动，而由图 5-4 可见 SPE 控制限在此运行时间段内波动幅度较大。此后的训练样本 140~178（对应于运行时间的 280~350h）得到的剩余寿命浮动较小，而此时 SPE 控制限的波动幅度较小。即剩余寿命的浮动大小与状态变量的变化有直接关系。

神经网络训练完成后，将 32 个测试样本代入已经建立的神经网络模型，得到测试样本的神经网络输出。图 5-9 所示为测试样本的目标输出与神经网络输出的对比，图 5-10 为各样本的目标输出与神经网络输出的差值。为更直观地显示测试样本的输出结果随运行时间的变化，且便于与基于 PHM 的寿命预测结果进行比较，图 5-9 和图 5-10 的横轴设置为滚动轴承的运行时间。由图 5-9 和图 5-10 可见，测试样本的神经网络输出跟随目标输出的性能表现基本与训练样本时保持一致，在运行时间 200h 前，并无明显的下降趋势，200h 后才出现明显下降趋势，但受状态变量波动的影响，神经网络输出的波动也较大，因此目标输出与神经网络输出的差值的波动幅度较大，且波动无明显规律性，无法判断预测出的剩余寿命是偏保守还是偏大胆。

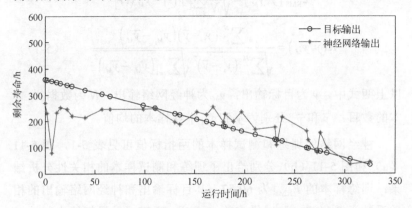

图 5-9　测试样本的目标输出与神经网络输出的对比

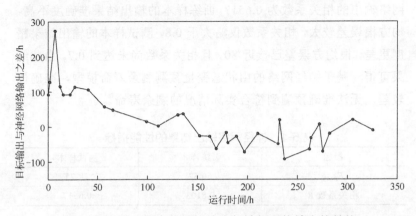

图 5-10　测试样本的目标输出与神经网络输出的差值

为进一步分析神经网络预测模型的整体精度和性能，本节采用如式（5-16）所示的根均方误差（root mean square error，E_{RMS}）衡量寿命预测模型的精确性，E_{RMS}值越小，表示预测越高。但仅由E_{RMS}值难以全面直观地评价模型性能，同时采用了目标输出与神经网络输出间的相关性系数R作为性能衡量指标，如式（5-17）所示，R值越接近于1，表示预测输出与目标输出的相关性越高，模型越接近于实际情况。

$$E_{RMS}(y, y_M) = \sqrt{\frac{1}{N}\sum_{i=1}^{N}\left[y(i) - y_M(i)\right]^2} \tag{5-16}$$

$$R(y, y_M) = \frac{\sum_{i=1}^{N}(y_i - \bar{y})(y_{M_i} - \bar{y}_M)}{\sqrt{\sum_{i=1}^{N}(y_i - \bar{y})^2}\sqrt{\sum_{i=1}^{N}(y_{M_i} - \bar{y}_M)^2}} \tag{5-17}$$

以上两式中，y为目标输出；y_M为神经网络输出；N为数据样本的数目；$\bar{y}$和$\bar{y}_M$分别为y和y_M中各样本的均值。

神经网络的训练和测试样本的两指标值可见表5-1，图5-11（a）和图5-11（b）分别给出了训练和测试样本的相关性分析结果：训练样本的E_{RMS}为60.57，其目标输出和神经网络输出的相关系数为0.8103；测试样本的E_{RMS}为78.75，其目标输出与神经网络输出的相关系数为0.6517。训练样本的输出结果准确度不高，均方根误差较大，相关系数仅略大于0.8，测试样本的输出结果精度更差，根均方误差已接近80，且相关系数尚未达到0.7。由此结果可得，基于神经网络的由状态变量预测剩余寿命模型，准确性较差，无法准确预测到符合实际情况的剩余寿命。

表 5-1　神经网络输出结果的性能指标

指标	训练样本	测试样本
E_{RMS}	60.57	78.75
相关系数 R	0.8103	0.6517

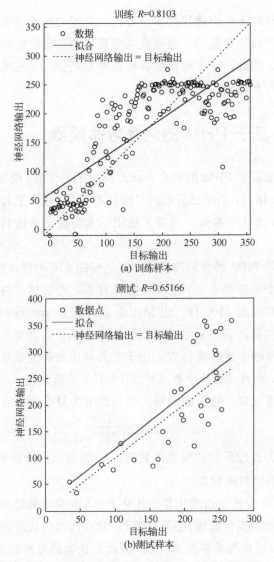

图 5-11 目标输出与神经网络输出的相关性分析

综合上述实验结果的分析，可得：对于仅依靠状态变量变化来预测剩余寿命的基于状态变量的剩余寿命预测方法，在滚动轴承正常运行时无法准确预测剩余寿命，在滚动轴承状态劣化时可跟踪剩余寿命变化趋势，但受状态变量值的波动影响较大，预测精度不高。因此，该方法的整体预测精度较低，无法准确预测滚动轴承全寿命周期内的剩余寿命。

5.3.2 基于 PHM 的剩余寿命预测

为验证基于 PHM 的剩余寿命预测方法的性能，根据 5.2 节所述的 PHM 模型，利用已提取的二维状态变量，采用遗传算法优化得到 PHM 的 3 个参数，获得了适用于本实验轴承的剩余寿命预测模型。

为保障 PHM 模型的准确性，在已有的 210 个样本的基础上，增加了 6 个失效样本，共 216 个训练样本。经尝试，将遗传算法的进化代数设为 1200 代，由 Matlab 软件的 Optimization Toolbox 进行算法实现，其中采用随机均匀分布选择、多点交叉、高斯变异算法，种群个体数量为 20。由于工具箱中求解的是适应度函数的最小值，而在 5.2 节中要求解式（5-12）的最大值，故将适应度函数做如下处理，由原来的最大化问题变为最小化问题。

$$f_{\text{new}} = \frac{1}{1.01^{f_{\text{old}}}} \tag{5-18}$$

其中，f_{new} 为处理后的适应度函数值；f_{old} 为原适应度函数值，即式（5-12）的似然函数值。

图 5-12 给出了由遗传算法优化 PHM 参数时的适应度函数值随进化代数的变化曲线。当寻优超过 1000 代时适应度函数值不再发生变化，可认为求解基本完成，因此可认为最终得到的 PHM 参数值是使得式（5-12）的似然估计函数取得最大值时的值。表 5-2 中给出了由遗传算法求解得到的 3 个参数的值，其中 β 是一个二维向量，表中分别给出了元素 1 和元素 2 的取值。

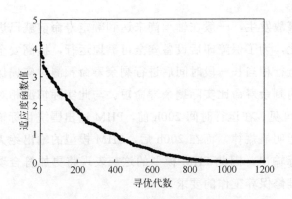

图 5-12 适应度函数值的变化曲线

表 5-2 PHM 模型的参数

参数	γ	η	$\beta(1,1)$	$\beta(1,2)$
取值	14.01	211.05	−9.54	−5.95

为便于和基于状态特征的剩余寿命预测方法进行比较，在此使用了测试神经网络模型的 32 个测试数据。图 5-13 给出了目标输出与 PHM 模型输出的对比，图 5-14 给出了目标输出与 PHM 模型输出的差值。由图 5-13 可见，PHM 模型的输出能够较好地跟踪剩余寿命的下降，基本是围绕目标输出有小幅度的波动，仅在个别点处的波动幅度较大，与目标输出的差别也较大。总的来看，PHM 输出能够较好地拟合目标输出。

PHM 的输出之所以能够较好地拟合剩余寿命变化，主要原因是该方法结合了可靠性指标和状态特征这两类指标的变化，预测出的剩余寿命在符合可靠性指标变化趋势的基础上，进一步利用状态变量的变化进行调整和修正，因此能够在滚动轴承运行正常时仍能够跟踪剩余寿命的下降，在轴承状态恶化时也及时有所反应。

此外，在滚动轴承的实际使用时，相对于刚刚投入使用的新轴承，运维人员更加关心已经运行了相当长一段时间的轴承，且为避免事故发生，一般在轴承尚未达到额定寿命前就已进行更换了。因此，为了保障印后设备安全可靠地运行，提高安全裕度，在轴承运行相当长一段时间后进行剩余寿命预测时应偏保守，即预测出的剩余寿命比实际剩余寿命短。与此实际情况相对应，由图 5-13 可见，在运行时间 200h 前，PHM 输出围绕目标输出上下波动，无明显规律，而在 200h 后，PHM 模型的输出绝大部分均小于目标输出，因此 PHM 模型的这一表现将更加符合现场工况中轴承维修保养工作的要求。

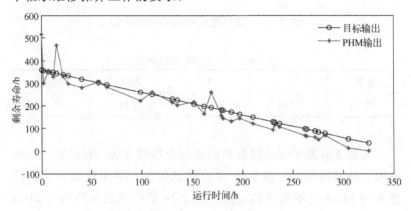

图 5-13　目标输出与 PHM 输出的对比

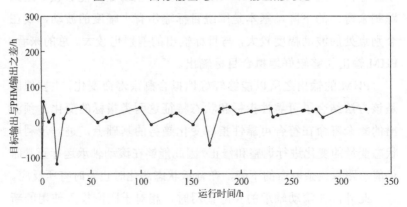

图 5-14　目标输出与 PHM 输出的差值

从整体精度来分析，PHM 模型输出的 E_{RMS} = 45.73，相对较小，图 5-15 给出了 PHM 输出与目标输出的相关性分析结果，可见二者的相关系数 R = 0.9438，相关系数大于 0.8 且较接近于 1。由结果可见，PHM 模型能够较精确地跟踪剩余寿命的变化趋势，较准确地预测不同运行时刻的剩余寿命值。

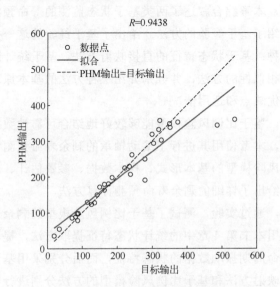

图 5-15　目标输出与神经网络输出的相关性分析

比较误差和相关系数与表 5-1 中对应的两指标值，以及图 5-9 与图 5-13、图 5-10 与图 5-14、图 5-11（b）与图 5-15，可见 PHM 的输出结果比神经网络输出结果能够更加精确地拟合剩余寿命变化，预测结果的误差更小，相关系数也更高。

综上，在滚动轴承的剩余寿命预测方面，基于 PHM 的剩余寿命预测方法能够较准确地预测轴承不同运行时刻的剩余寿命，其各方面性能要优于基于状态特征的剩余预测方法。

本章小结

本章在状态辨识研究工作的基础上进行了进一步探索：利用所得到的研究结果，尝试对基于状态监测的剩余寿命预测进行研究。

首先，本章综合叙述了两类基于状态监测的寿命预测方法，并着重介绍了基于经验的方法。给出了基于经验的这一类方法中常用的三种：基于状态特征的直接映射方法、基于统计回归的方法和基于相似性的方法，并分别介绍三种方法的基本原理，分析了各自的优缺点和适用情况。

其次，鉴于比例风险模型能够较好地结合可靠性数据和状态监测数据，本章使用其进行了滚动轴承的剩余寿命预测。详细介绍了比例风险模型的基本形式、样本数据、参数估计、寿命预测等部分，给出了详细的剩余寿命预测计算方法。

最后，通过实验，测试了基于比例风险模型的剩余寿命预测性能。采用本书第 4 章中的统计状态特征提取方法，提取了滚动轴承全寿命周期振动数据的状态特征，而后分别采用基于状态特征的直接映射方法和基于比例风险模型的方法分别进行剩余寿命预测，并将所得结果进行详细分析和比较。实验结果表明，基于比例风险模型的方法能够较好地预测剩余寿命变化趋势，具有较高的预测精度，验证了比例风险模型的有效性。

第6章

印后设备寿命预测与运维决策一体化方法探索

本章内容是在本书前述各章研究成果的基础上，对后续研究工作进行的思考和初步探究，即状态检测、寿命预测、运维决策的一体化研究工作设想、内容和思路。

本章介绍了状态检测、寿命预测、运维决策的一体化研究现状；对第 5 章中基于状态比例模型的寿命预测方法的优化升级思路进行了阐述；进而，提出了体系化的基于状态评估和剩余寿命的运维策略优化方法。

6.1 状态检测、寿命预测、运维决策的一体化研究现状

在各种工程领域中，有关状态检测、寿命预测和维修决策三个部分的研究已经得到了国内外学者的广泛关注，并在过去的几十年内取得了长足发展。但限于问题复杂性和数据获取等困难，已有研究成果多是单独考虑上述三个部分当中的某一个，往往忽

151

略了输入信息对本研究或输出信息对后续研究的影响。在上述三个部分的一体化研究中，与本书相关的主要是状态检测与维修决策、寿命预测与维修决策两类，因此，以下分别对这两类联合研究的现状进行分析。

6.1.1 状态检测与维修决策联合研究

2000 年，状态检测与维修决策的联合研究便得到了一定关注，根据获取的监测数据复杂度不同，可将此类联合研究分为基于单变量监测数据和基于多变量监测数据的状态检测与维修决策联合研究。

基于单变量监测数据的联合研究是在状态检测部分仅考虑了获取的监测数据为单变量的情况。文献[84-85]在联合决策研究中考虑了基于年龄的维修策略，在维修决策中利用了历史统计信息，但是均未考虑系统实际的运行状态。文献[86]提出了数据共享下的异常检测和视情维修联合决策问题，考虑了系统三个状态之间非马尔科夫的转移，而控制图采用了经典的 $\bar{X}$ 控制图，建立了基于代价函数的联合优化模型以求解最优的采样间隔、采用数目、控制限及维修时机。文献[87]则对以上工作进一步进行了扩展，研究了自适应休哈特（Shewhart）控制图下的联合决策问题。

基于多变量监测数据的联合研究是针对状态检测部分所获取的监测数据为多变量的情况。文献[88]研究了基于多变量数据下 χ^2 控制图和视情维修的联合决策研究，然而 χ^2 控制图的性能相比其他控制图的性能优势并不显著。为进一步处理多变量数据问题，文献[89]提出了一类多变量贝叶斯控制图，通过估计系统处于异常状态的概率实现异常的检测，对应的控制限也为系统处于异常状态的后验概率，并证明了贝叶斯控制图是最优的。基于此类多变量控制图，文献[90-91]研究了基于贝叶斯控制图的异常检测和视情维修联合决策问题。相比传统的联合决策方法，其决策结果不仅在经济性能指标上，而且在统计性能指标上都得到了显著的提高。文献[92]基于模拟技术研究了多变量贝叶斯控制图和视情维修的决策问题，但假设给定系统状态下的多变量观测相互独立，简化了该问题。文献[93]则研究了两部件系统的异常检测与视情维修决策的联合决策问题，并考虑了不同部件之间的相互影响。

6.1.2 寿命预测与维修决策联合研究

寿命预测与维修的联合研究从 20 世纪 90 年代便已开始，近年来，基于在线状态监测和实时可靠性进行剩余寿命预测及维修决策的研究得到了较快发展。文献[94]在退化建模和寿命预测方法的基础上，进一步将单部件替换过程视为马尔科夫决策过程，证明了最优替换策略为阈值型策略，并以最小化替换费用为目标确定替换时机。文献[95]提出一种基于实时剩余寿命预测的期望——方差敏感的最优替换策略，相比仅考虑期望成本的策略，最优替换决策具有一定的保守性，但降低了运行风险。文献[96]定量分析了监测数据对寿命预测不确定性的影响，文献[97]建立了一类退化轨迹依赖的剩余寿命预测模型，得到了剩余寿命预测的精确封闭解，而且结果能够保证剩余寿命矩估计的存在性，克服了现有研究中预测结果矩估计不存在的缺陷，并定量分析了预测结果对最优替换策略的影响。文献[98]基于改进的两阶段退化模型，动态地估计维修阈值及其置信区间。文献[99]假设状态监测信息是关于其剩余寿命的函数并满足马尔科夫性，利用随机滤波方法更新各监测点处的剩余寿命分布，进而以最小化替换费用为目标制定最优维修策略。文献[100]则根据上述监测信息描述和预测维修策略，利用扩展卡尔曼滤波方法预测轴承的剩余寿命并确定最优替换时间。基于这些研究。文献[101]对利用此类半随机滤波方法进行寿命预测及其在维修决策中的应用进行了总结。文献[102]则假设系统退化受到具马尔科夫性的运行环境影响,通过环境监测信息更新剩余寿命分布,进而确定替换费用最小的维修时间。

综上,在状态评估、寿命预测和运维决策一体化方法研究尚处初步阶段,有待深入;在状态评估、寿命预测和运维决策相关研究中,现有成果多是针对三者之一,综合运行监测数据进行三部分联合研究的内容较少,且多集中在航空航天和军事装备领域。在本书所涉及的状态评估、寿命预测和运维决策一体化方法研究方面,能够直接应用的研究成果较少。在后续研究中应充分借鉴以上各方面研究成果,并在已有基础上以轴承和齿轮箱等典型旋转部件为工程背景进行优化和再创新。

6.2　寿命预测与运维决策一体化方法的研究设想

此部分工作的研究内容主要集中在寿命预测和运维决策两大部分。

(1)基于 BLM 的剩余寿命预测和基于安全域理论的状态评估

在本书第 5 章剩余寿命预测相关研究成果的基础上,以轴承和齿轮箱这类的印后设备的关键旋转部件为研究对象,采集温度、振动、尺寸变化等原始状态数据,研究基于信号时频分析和多元统计分析的时频状态和统计状态特征提取算法,获得能够灵敏地表征研究对象运行状态变化的状态特征;利用已有的状态特征数据,进一步研究基于极限学习机(extreme learning machine,ELM)的预测算法,以精确高效地完成对未来时刻状态特征量的预测;

根据笔者提出的基于安全域的状态评估方法，在获取的当前及未来时刻的状态特征量的基础上，研究状态特征点到安全域边界的广义距离计算方法，获得能够定量化表示设备运行状态的指标——安全裕度，依据安全裕度值进行运行状态的等级划分，完成状态评估；收集失效时间、维护时间等可靠性相关的事件性和概率分布性数据，基于所获得的可靠性数据和状态特征数据，利用贝叶斯线性模型（Bayesian linear model，BLM）进行安全状态数据融合，进而完成实时化、动态化的剩余寿命的预测。

（2）基于状态评估和剩余寿命的运维策略优化

以印后设备的运行效益最大化为目标函数，研究提出影响目标函数的运行工作量、维修成本等一级自变量，进一步细化能够影响一级自变量的工作时长、工作风险水平、维修时间、维修等级等二级自变量，并充分考虑人员、备件、环境等多重约束条件，建立双层的运维策略生成和优化模型框架；基于研究内容（1）中所获得的剩余寿命估计结果和状态评估结果，进一步分析剩余寿命和安全状态对目标函数的影响，研究不同时刻剩余寿命和安全状态对各个二级自变量的约束作用，建立完整的运维策略优化模型；研究基于多目标进化算法和生物群优化相结合的联合优化算法，完成多目标多约束优化问题的高效求解，完成二级自变量的求解，生成相应的运维策略；在维修动作实施后，依据更新后的剩余寿命估计结果和状态评估结果更新约束条件，进行优化问题的再次求解，完成运维策略的更新。

6.3 寿命预测与运维决策一体化方法的技术方案

以下结合如图 6-1 所示的技术路线图，对笔者拟采取的有关方法和技术手段进行详细说明。

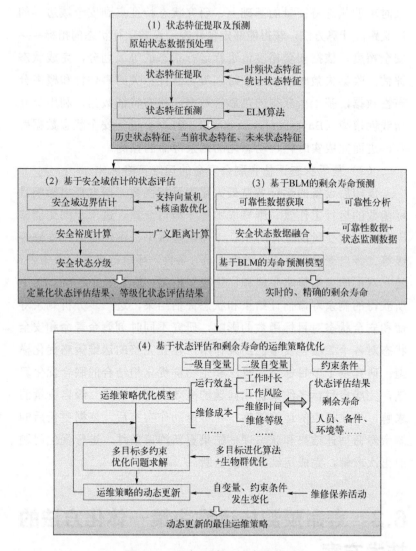

图 6-1　研究思路和技术路线图

（1）状态特征提取及预测

①　获取印后设备中关键旋转部件实时运行状态的振动加速度、温度等原始状态数据，考虑到振动加速度数据的数据量较大且易受噪声干扰等特点，首先完成数据的缩放、消噪等预处理过程。

②　针对量大且复杂的振动加速度数据，通过局部均值分解和经验模式分解等信号时频分析方法获得原始信号的时频状态特征，通过主成分分析、独立成分分析等多元统计分析方法获得原始数据的统计状态特征。

③　为尽量减少后续状态评估和寿命预测中的不确定性，采用基于 ELM 高效预测算法，完成高精度的状态特征预测。

（2）基于安全域估计的状态评估

①　利用历史的状态特征数据，基于支持向量机和核函数优化算法，离线完成安全域边界的估计，获得能够辨识正常和异常状态的安全域边界方程。

②　针对所获取的实时运行状态特征以及预测得到的未来时刻状态特征，提出基于广义距离的安全裕度计算方法，计算实时运行状态点及未来时刻状态点距离安全域边界的广义距离，获取其安全裕度。

③　考虑状态评估结果对运维策略优化模型中维修等级和维修规模等因素的影响，根据安全裕度的取值将安全状态划分为若干等级，使其能够对应于运维策略优化模型中相关约束条件，以利于后续运维策略优化模型的求解。

（3）基于 BLM 的剩余寿命预测

①　对印后设备的关键旋转部件进行基础的可靠性分析，获取如失效时间、修复时间等事件型和可靠度、故障率等概率分布型的可靠性数据。

②　综合设备的实时状态信息和可靠性信息，基于安全状态数据融合的基本思想，建立融合状态特征数据和可靠性数据的 BLM

基本模型，如式（6-1）的性能退化随机方程所示：

$$\begin{cases} Y = X \cdot \theta + e \\ e \sim N(0, \Sigma) \end{cases} \tag{6-1}$$

其中，$X = [x_1, x_2, \cdots, x_k]^T$ 表示 k 个状态监测（性能监测）参数，其为 n 行的列矢量，n 为监测次数；$Y = [y_1, y_2, \cdots, y_n]^T$ 表示性能退化程度，是时间 t 的函数；$\theta = [\theta_1, \theta_2, \cdots, \theta_k]^T$，为监测参数与性能退化程度的关系矩阵；$e$ 为利用监测参数描述性能退化误差；Σ 为已知的协方差。

③ 通过贝叶斯方法可以不断融合实时的和未来的状态特征信息，在给定的性能退化阈值 D 的情况下，假定剩余寿命表示 T_D，则对于第 l 个观测点预测剩余寿命的表达式为：

$$S(T_D + t_l) = D \tag{6-2}$$

其中，同 $S(t)$ 表示 t 时刻的累计退化量 $S(t) = Y(t) - Y(t_0)$；t_0 为第 0 个观测点的时间，即初始时刻。

（4）基于状态评估和剩余寿命的运维策略优化

① 以运营效益最大化为目标，明确运营收入、运维成本等核心因素为一级自变量，细化分析影响一级自变量的运营时长、运营风险水平、维修时间、维修等级等的二级自变量，提出运维策略优化的目标函数，目标函数的基本形式如式（6-3）所示：

$$B = I - C \\ = f(T_o, R_o, T_m, G_m, C_s, \cdots) \tag{6-3}$$

其中，B 表示运营效益；I 为运营收入；C 为运维成本；T_o、R_o、T_m、G_m、C_s 分别表示运营时长、运营风险水平、维修时间、维修等级、备件成本。

② 定量化分析状态评估结果和剩余寿命预测结果对各个二级自变量的影响，将其影响化成对目标函数的约束，同时考虑人员、备件、环境等其他的多重约束条件，建立完整的运维策略优化模型，基本形式如式（6-4）所示：

$$\min B = \min f(T_o, R_o, T_m, G_m, C_s, \cdots)$$

$$\text{s.t.} \begin{cases} T_o \geqslant T_{oL} \\ R_o \leqslant R_{oH} \\ T_{mL} \leqslant T_m \leqslant T_{mH} \\ G_m = \{level1, level2, \cdots\} \\ C_s \leqslant C_{sH} \\ \cdots \end{cases} \Leftrightarrow \text{s.t.} \begin{cases} \text{状态评估结果} \\ \text{寿命预测结果} \end{cases} \quad (6\text{-}4)$$

其中的各个约束条件：$T_o \geqslant T_{oL}$ 表示运营时长应满足基本的时长要求；$R_o \leqslant R_{oH}$ 表示运营风险水平必须控制在一定风险水平以内；$T_{mL} \leqslant T_m \leqslant T_{mH}$ 表示维修时间点受运营时间限制，维修活动需在一定时间间隔内完成；$G_m = \{level1, level2, \cdots\}$ 表示维修活动需按维修等级进行时长和人员的安排；$C_s \leqslant C_{sH}$ 表示所用备件的成本不能超限。上述所有约束条件中阈值的确定均取决于状态评估结果和寿命预测结果。

③ 基于多目标进化和生物群优化算法，提出高效的多目标多约束优化问题求解方法，求解得到运维策略优化模型的最优解集。

④ 维修保养活动将对设备的安全运行状态和剩余寿命产生影响，因此在进行过维修保养活动后需要根据实时的状态评估和剩余寿命预测结果动态地更新运维策略优化模型中各个自变量和约束条件，重新计算求解最佳的运维策略。

6.4　寿命预测与运维决策一体化方法的研究目标

本书提出将状态评估、寿命预测和运维决策进行联合研究，最终目的是从保证印后设备运行效益的角度实现旋转部件的最优化动态健康管理。预期的研究目标有如下四点。

① 厘清包含状态评估、寿命预测和运维决策的安全运行全过程，明确状态评估和寿命预测在运维决策中的角色和作用，建立以状态特征提取和预测为基础的印后设备关键旋转部件状态评估、寿命预测和运维决策一体化方法框架。

② 在进行状态特征提取和高精度预测的基础上，基于安全域估计方法完成定量化的状态评价和估计，确定当前及未来时刻的安全状态等级。

③ 将所提取及预测到的实时状态特征数据和典型旋转部件的可靠性数据进行融合，建立基于 BLM 的剩余寿命预测模型，完成准确的实时剩余寿命预测。

④ 基于印后设备关键旋转部件的状态评估和寿命预测结果，建立以最大化运行效益为目标的运维策略优化模型，基于联合优化算法进行多目标多约束优化问题的求解，得到最佳运维策略。

为达到上述预期研究目标，笔者认为需要拟解决的关键问题主要有以下两个：

① 基于安全状态数据融合的剩余寿命预测方法：状态特征数据是实时性数据，而可靠性数据多为事件型或概率分布型数据，如何基于现有的经典 BLM 模型建立一种新颖的寿命预测模型能够将此两类异质数据进行有效融合，实现精确的在线剩余寿命预测是需解决的关键问题之一。

② 运维策略优化模型的建立和求解：运维策略优化模型的建立需要全面考虑状态评估结果和寿命预测结果对运行收入和维修成本等一级自变量的影响，需要分别地、详细地、定量地分析状态评估结果和寿命预测结果对运营时长、维修时间、维修活动优先级、维修等级等各个二级自变量的约束，这必然会使运维策略优化模型较为复杂。但是，为保证决策优化的实时性，这类多目标多约束优化问题的求解计算量不宜过大。因此，如何在模型复杂程度和计算效率中取得较好的折中，即如何建立和求解运维策

略优化模型，以使其能够同时保证所生成运维策略的有效性和实时动态性也是拟解决的关键问题。

　　本书对印后设备旋转部件的隐患监测和状态辨识问题进行了研究，在基于区域估计的方法框架下，取得了一些研究成果，但在印刷机械领域，区域估计的理论和方法研究尚处初步阶段，还有很多技术和应用方面的问题需要进一步解决，且本书的研究工作也存在一些考虑不全面、分析不透彻之处。在此，对未来的研究方向和后继相关工作进行了初步整理，以下分别从理论研究和应用研究两个方面进行叙述。

　　在理论研究方面：本书仅进行到状态监测和识别阶段，关于状态评估工作，也只是给出了定量化评价指标和计算方法，并未真正进行试验验证，因此评估算法的有效性和可行性有待进一步研究；本书共针对不同完备程度的数据集提出了 4 种分类算法，每种算法中还有些细节问题有待进一步确定，如多分类 SVM 参数的优化问题、IT2FCM 的模糊数初值选择和迭代效率改善问题、凸包生成中边界过保守问题、SVDD 计算效率提高问题等。

　　在应用研究方面：本书仅以滚动轴承为实例进行方法验证，今后可将已有的方法研究成果应用于印刷领域的其他旋转部件，并进一步地扩展应用范围，尝试将该方法体系应用于其他类型的关键部件及子系统；将理论成果进行转化应用，开发相关的软硬件产品，进而规模化应用是最终需要达到的目标；针对现场实际的工程需求，在应用过程中发现已有算法的不足，并有针对性地进行改善、优化和升级，同时在应用过程中可深入挖掘与此相关的研究问题，进行扩展研究。

本章小结

　　本章主要是在前述各章的基础上，提出了状态检测、寿命预测和运维决策一体化的研究设想和思路，梳理出了研究内容和技术路线，凝练了为达到预期研究目标应该重点解决的关键技术问题，并对未来的研究工作进行了展望。

　　本章主要是在前述各章研究成果介绍的基础上，以期为读者进行相关研究及研究成果的实际落地应用提供浅显的思路和参考。

参考文献

[1] 余节约，田培娟. 印刷工艺原理[M]. 杭州：浙江大学出版社，2010.

[2] 中华人民共和国工业和信息化部.印刷机械　瓦楞纸板印刷开槽模切机：JB/T
11465—2013[S].北京：机械工业出版社，2014：7.

[3] 成刚虎. 印刷机械，第2版[M]. 北京：印刷工业出版社，2013.

[4] 孙智慧，晏祖根. 包装机械概论，第3版[M]. 北京：印刷工业出版社，2012.

[5] 卢军民，王蕊，张平格. 基于LabVIEW的模切机监测系统设计[J]. 机床与液压，
2014，42（6）:135-137.

[6] 刘建华. 数字式高速多轴印刷模切机伺服控制系统设计[D]. 广州：华南理工大
学，2011.

[7] 李光，李利，张阳. 基于振动测试的覆膜机结构改进设计[J]. 北京：北京印刷学院
学报，2009，17（2）：39-42.

[8] 张声灿. 紫光胶订联动线"失步报警"机构探讨与分析[J]. 印刷技术，2010（10）：
54-55.

[9] Mei Lien Chao，Yang Chih Su. Thickness measuring device of laminating machine [P].
USA: US8074691 B2，December 13，2011.

[10] Nicolás de Abajo，Alberto B. Diez，Vanesa Lobato，Sergio R. Cuesta. ANN Quality
Diagnostic Models for Packaging Manufacturing: An Industrial Data Mining Case
Study[C]. Proceedings of the tenth ACM SIGKDD international conference on
Knowledge discovery and data mining，New York，USA，2004: 799-804.

[11] 姚齐水，李超，王勇，等. 基于预负荷弹性支承的印刷滚筒承载性能研究[J]. 中
国机械工程，2015，23: 016.

[12] 张长泉. 基于 LabVIEW 虚拟平台的印刷机齿轮振动与印刷品质量关联性分析
[J]. 宿州学院学报，2015，8: 032.

[13] 周玉松. 虚拟仪器与传感器融合在齿轮监测中的应用研究[J]. 包装工程，2014，
15: 028.

[14] Wang W，Golnaraghi F，Ismail F. Condition monitoring of multistage printing
presses[J]. Journal of Sound and Vibration，2004，270（4）：755-766.

[15] Gao Z Q，Sun H X. Research on Gap Analysis and Compensation of Rollers in Printing Machine[C]//Advanced Materials Research. 2013，765: 13-15.

[16] Lemelin M，Vrotacoe J B，Rancourt M R，et al. Method for quantifying blanket performance and printing press: U.S. Patent Application 14/681，765[P]. 2015-4-8.

[17] Liu P，Xu Z，Wang D. A method for the fault prediction of printing press based on statistical process control of registration accuracy[J]. Journal of Information and Computational Science，2013，10（17）: 5579-5587.

[18] Xu Z F，Zhang H Y，Ren L H. A Fault Diagnosis Method for the Roller-Marks in Offset Printing Machine Based on Texture Recognition[C]//Applied Mechanics and Materials. Trans Tech Publications，2012，262: 361-366.

[19] Dixon J B. Design Guide to Industrial Control Systems[D]. California State University，Sacramento，2014.

[20] Byington C S，Roemer M J，Galie T. Prognostic enhancements to diagnostic systems for improved condition-based maintenance[C]. 2002 IEEE Aerospace Conference Proceedings，2002，6: 2815-2824.

[21] Smeulers M，Zeelen R，Bos A. PROMIS-a generic PHM methodology applied to aircraft subsystems[C]. 2002 Aerospace Conference Proceedings，2002，6: 3153-3159.

[22] Chen Lin，Viliam Makis. Optimal Bayesian maintenance policy and early fault detection for a gearbox operating under varying load [J]. Journal of Vibration and Control，2014 October，Published online.

[23] 任丽娜，芮执元，李建华. 故障强度为边界浴盆形状的数控机床可靠性分析[J]. 机械工程学报，2014，50（16）: 13-20.

[24] Justyna Petke，Shin Yoo，Myra B. Cohen，Mark Harman. Efficiency and early fault detection with lower and higher strength combinatorial interaction testing [C]. Proceedings of the 2013 9th Joint Meeting on Foundations of Software Engineering，New York，USA，2013: 26-36.

[25] 许丽佳. 电子系统的故障预测与健康管理技术研究 [D]. 成都: 电子科技大学，2009.

[26] 李向前. 复杂装备故障预测与健康管理关键技术研究[D]. 北京: 北京理工大学，2014.

[27] 项冬冬. 关于动态隐患识别系统的研究[D]. 上海: 华东师范大学，2013.

[28] Ilhan Aydin，Mehmet Karakose，Erhan Akin. A new method for early fault detection and diagnosis of broken rotor bars[J]. Energy Conversion and Management，2011，52（4）：1790-1799.

[29] G.F. Bin，J.J. Gao，X.J. Li，B.S. Dhillon. Early fault diagnosis of rotating machinery based on wavelet packets-Empirical mode decomposition feature extraction and neural network [J]. Mechanical Systems and Signal Processing，2012，27: 696-711.

[30] Fuzhou Feng，Guoqiang Rao，Pengcheng Jiang，Aiwei Si. Research on early fault diagnosis for rolling bearing based on permutation entropy algorithm [C]. IEEE Conference on Prognostics and System Health Management （PHM），Beijing China，2012: 1-5.

[31] Henry David，Zolghadri Ali，Cieslak Jérôme，Efimov Denis. A LPV Approach for Early Fault Detection in Aircraft Control Surfaces Servo-Loops[C]. 8th IFAC Symposium on Fault Detection，Supervision and Safety of Technical Processes，Mexico City，Mexico，2012: 806-811.

[32] Youssef A，Delpha C，Diallo D. An Optimal Fault Detection Threshold For Early Detection Using Kullback-Leibler Divergence For Unknown Distribution Data[J]. Signal Processing，2016: 266-279.

[33] Arpaia P，De Vito L，Girone M，et al. Early-stage fault isolation based on frequency response fitted by small-size samples for cryogenic cold compressors with active magnetic bearings[J]. Review of Scientific Instruments，2016，87（1）：015108.

[34] Jia F，Lei Y，Shan H. Early Fault Diagnosis of Bearings Using an Improved Spectral Kurtosis by Maximum Correlated Kurtosis Deconvolution[J]. Sensors，2015，15（11）：29363-29377.

[35] 唐斐，陆于平. 分布式发电系统故障定位新算法[J]. 电力系统保护与控制，2010，20:62-68.

[36] 田毅，张欣，张昕，等. 汽车运行状态识别方法研究（一）——特征参数选择[J]. 中国机械工程，2013，24（9）：1258-1263.

[37] 谭真臻，陈果，陈立波，等. 基于图像分析和野点检测的航空发动机磨损状态识别[J]. 中国机械工程，2010（7）：827-831.

[38] Safizadeh M S，Latifi S K. Using multi-sensor data fusion for vibration fault diagnosis of rolling element bearings by accelerometer and load cell[J]. Information Fusion，

2014，18: 1-8.

[39] 严志永. 在划分数据空间的视角下基于决策边界的分类器研究[D]. 杭州，浙江大学，2011.

[40] 邹翔，沈寒辉，陈兵. 基于双向防御的跨安全域访问控制方法研究[J] 信息网络安全，2009（10）: 19-21.

[41] 张智杰. 安全域划分关键理论与应用实现[D]. 昆明，昆明理工大学，2006:5-15.

[42] Makarov Y，Du P，Lu S，Nguyen T B. Wide Area Security Region Final Report[EB/OL]， http://www.pnl.gov/main/publications/external/technical_reports/ PNNL-19331.pdf，March 2010.

[43] Mohamed A E，Essam A A. Framework for Identification of Power System Operating Security Regions[C].The Third International Conference on Network and System Security，Queensland，2009:415-419.

[44] Essam A，Mohamed A. Application of Operating Security Regions in Power Systems[C]. IEEE PES Transmission and Distribution Conference and Exposition. New Orleans，LA，USA ，2010.

[45] 曾沅，樊纪超，余贻鑫，等.电力大系统实用动态安全域[J].电力系统自动化，2001，1:6-10.

[46] 杨延滨，余贻鑫，曾沅，等. 用动态安全域降维可视化方法[J]. 电力系统自动化，2005，29（12） 44-48.

[47] 汪隆君，王钢. 基于动态安全域与埃奇沃斯级数的电力系统暂态稳定概率评估[J]. 中国电机工程学报，2011，31（1）: 52-58.

[48] 金学松，凌亮，肖新标，等.复杂环境下高速列车动态行为数值仿真和运行安全域分析[J]，计算机辅助工程，2011，（03）:29-41，59.

[49] 于梦阁，张继业，张卫华. 桥梁上高速列车的强横风运行安全性[J]. 机械工程学报，2012，48（18）: 104-111.

[50] 张媛，秦勇，贾利民，等. 轨道交通系统运行安全评估的安全域估计方法框架研究[J]，系统仿真技术及其应用，2011，13:1018-1022.

[51] Yuan Zhang，Yong Qin，Limin Jia. Research on Methodology of Security Region Estimation of Railway System Operation Safety Assessment[C]. Proceedings of World Congress on Engineering and Technology，2011，06: 803-807.

[52] 张媛，秦勇，贾利民. 基于危险点分布比率-SVM 分类的轨道不平顺峰值安全域

估计[J] 中南大学学报（自然科学版），2012，43（11）: 4533-4541.

[53] Ovaska S. J., Van Landingham H. F.   Fusion of soft computing and hard computing in industrial applications: An overview[J]. IEEE Transactions on Systems，Man，and Cybernetics，Part C，2002，32: 72-79.

[54] 钟秉林，黄仁.机械故障诊断学[M]. 北京：机械工业出版社，2006.

[55] Huang N E，Shen Z，Long S R. The Empirical Mode Decomposition and the Hilbert Spectrum for Nonlinear and Non-Stationary Time Series Analysis [J]. Proc. R. Soc. Lond. A，1998，454（1971）:903-995.

[56] 褚福磊，彭志科，冯志鹏，等. 机械故障诊断中的现代信号处理方法[M]. 北京：科学出版社，2009.

[57] Huang，N.E. A new view of nonlinear waves: The Hilbert spectrum. Annual Review of Fluid Mechanics，1999，31: 417-457.

[58] Tse P W，Peng Y H，Yam R. Wavelet analysis and its envelope detection for rolling element bearing fault diagnosis their affectivities and flexibilities [J]. Journal of Vibration and Acoustic，2001，123: 303-310.

[59] C.Cortes，V.Vapnik. Support vector networks[J]. Machine Learning，1995，20: 273-295.

[60] 张媛. 基于安全域的列车关键设备服役状态辨识与预测方法研究[D]. 北京：北京交通大学，2014.

[61] Weston J，Watkins C. Support vector machines for multi-class pattern recognition.in: Proc European Symposium on Artificial Neural Networks，Bruges，Belgium，1999，4（6）: 219-224.

[62] 陶新民，徐晶，杨立标，等. 基于 GARCH 模型 MSVM 的轴承故障诊断方法[J]. 振动与冲击，2010，29（5）: 11-15.

[63] Mouloud Boumahdi，Jean-Paul Dron，Said Rechak，et al. On the extraction of rules in the identification of bearing defects in rotating machinery using decision tree [J]. Expert Systems with Applications，2010，37: 5887-5894.

[64] PK Kankar，Satish C Sharma，SP Harsha. Rolling element bearing fault diagnosis using autocorrelation and continuous wavelet transform [J]. Journal of Vibration and Control，2011，17（14）: 2081-2094.

[65] Sim J，Wright CC. The kappa statistic in reliability studies: use，interpretation，and

sample size requirements. Physical Therapy. 2005，95（5）:257-268.

[66] 邱存勇. 区间二型模糊聚类算法研究及其在电力牵引监控系统中的应用[D]. 成都：西南交通大学，2013.

[67] 孔令桥，秦昆，龙腾飞. 利用二型模糊聚类进行全球海表温度数据挖掘[J]. 武汉大学学报（信息科学版），2012，02：215-219.

[68] 王燕飞. 区间二型模糊 C 均值图像分割算法研究[D]. 大连：大连海事大学，2008.

[69] 王丽. 二型模糊聚类图像处理改进算法的研究[D]. 大连：大连交通大学，2012.

[70] J. M. Mendel and Hongwei Wu. Centroid Uncertainty Bounds for Interval Type-2 Fuzzy Set; Forward and Inverse Problem. FUZZY-IEEE. Budapest，Hungary，2004；947-952.

[71] Jerry Mendel 著，张奇业，谢伟献译. 基于不确定规则的模糊逻辑系统导论与新方向[M]. 北京：清华大学出版社，2013.

[72] 邱存勇. 区间二型模糊聚类算法研究及其在电力牵引监控系统中的应用[D]. 成都：西南交通大学，2013.

[73] J. Mendel，Uncertain Rule-Based Fuzzy Logic Systems: Introduction and New Directions. Upper Saddle River[M]，NJ: Prentice-Hall，2001.

[74] 蒋红斐. 平面点集凸包快速构建算法的研究[J].计算机工程与应用，2002，38（20）:48-49.

[75] D. M. J. Tax，R. P. W. Duin. Support vector data description[J]. Machine Learning，2004，54（1）:45-66.

[76] V. N. Vapnik.统计学习理论[M].北京:电子工业出版社，2009.

[77] X. M. Tao，B. X. Du，Y. Xu. Bearing fault detection using SVDD based on HOS-singular value spectrum[J]. Journal of Vibration Engineering，2008，21（2）：203-208.

[78] 王培良，葛志强，宋执环.基于迭代多模型 ICA-S VDD 的间歇过程故障在线监测[J].仪器仪表学报，2009，30（07）：1347-1352.

[79] 朱孝开，杨德贵.基于推广能力测度的多类 SVDD 模式识别方法[J].电子学报，2009，3（3）：464-469.

[80] Y. Zhang，Z. X. Chi，K. Q. Li. Fuzzy multi-class classifier based on support vector data description and improved PCM[J]. Expert Systems with Applications，2009，36（5）：8714-8718.

[81] P. X. Min，L. Qiang，J. Hong. Classification algorithm based on rough set and support vector data description[C]. Mechanic Automation and Control Engineering，2011 Second International Conference on IEEE，2011，5649-5652.

[82] C. D. Wang，J. H. Lai. Position regularized support vector domain description[J]. Pattern Recognition，2013，46（3）：875-884.

[83] 张媛. 某扫雷犁系统的神经网络建模与控制研究[D]. 南京：南京理工大学，2009.

[84] Zhou W H，Zhu G L. Economic design of integrated model of control chart and maintenance management. Mathematical and Computer Modelling，2008，47（11-12）：1389-1395.

[85] Wang W. Maintenance models based on the np control charts with respect to the sampling interval. Journal of the Operational Research Society，2011，62（1）：124-133.

[86] Panagiotidou S，Tagaras G. Statistical process control and condition-based maintenance: a meaningful relationship through data sharing. Production and Operations Management，2010，19（2）：156-171.

[87] Panagiotidou S，Nenes G. An economically designed，integrated quality and maintenance model using an adaptive Shewhart chart. Reliability Engineering and System Safety，2009，94（3）：732-741.

[88] Wu J M，Makis V. Economic and economic-statistical design of a chi-square chart for CBM. European Journal of Operational Research，2008，188（2）：516-529.

[89] Makis V. Multivariate bayesian control chart. Operations Research，2008，56（2）：487-496.

[90] Makis V. Multivariate Bayesian process control for a finite production run. European Journal of Operational Research，2009，194（3）：795-806.

[91] Yin Z J，Makis V. Economic and economic-statistical design of a multivariate Bayesian control chart for condition-based maintenance. IMA Journal of Management Mathematics，2011，22（1）：47-63.

[92] Wang W B. A simulation-based multivariate Bayesian control chart for real time condition-based maintenance of complex systems. European Journal of Operational Research，2012，218（3）：726-734.

[93] Liu L，Yu M，Ma Y，et al. Economic and economic-statistical designs of an control

chart for two-unit series systems with condition-based maintenance[J]. European Journal of Operational Research, 2013, 226 (3) : 491-499.

[94] Elwany A H, Gebraeel N Z, Maillart L M. Structured replacement policies for components with complex degradation processes and dedicated sensors. Operations Research, 2011, 59 (3) : 684-695.

[95] Si X S, Wang W H, Hu C H. A real-time variable cost-based maintenance model from prognostic information. In: Proceedings of 2012 IEEE Conference on Prognostics and System Health Management. Beijing, China: IEEE, 2012. 1-6.

[96] Wei M H, Chen M Y, Zhou D H. Multi-sensor information based remaining useful life prediction with anticipated performance. IEEE Transactions on Reliability, 2013, 62 (1) : 183-198.

[97] Si X S, Wang W B, Chen M Y, Hu C H, Zhou D H. A degradation path-dependent approach for remaining useful life estimation with an exact and closed-form solution. European Journal of Operational Research, 2013, 226 (1) : 53-66.

[98] Sun J W, Li L, Xi L F. Modified two-stage degradation model for dynamic maintenance threshold calculation considering uncertainty. IEEE Transactions on Automation Science and Engineering, 2012, 9 (1) : 209-212.

[99] Wang W B, Hussin B, Jefferis T. A case study of condition based maintenance modelling based upon the oil analysis data of marine diesel engines using stochastic filtering. International Journal of Production Economics, 2012, 136 (1) :84-92.

[100] Carr M J, Wang W B. An approximate algorithm for prognostic modelling using condition monitoring information. European Journal of Operational Research, 2011, 211 (1) : 90-96.

[101] Wang W. Overview of a semi-stochastic filtering approach for residual life estimation with applications in condition based maintenance. Proceedings of the Institution of Mechanical Engineers, Part O: Journal of Risk and Reliability, 2011, 225 (2) : 185-197.

[102] Xiang Y S, Cassady C R, Pohl E A. Optimal maintenance policies for systems subject to a Markovian operating environment. Computers and Industrial Engineering, 2012, 62 (1) : 190-197.